VDE-Schriftenreihe **117**

Der Autor

Dipl.-Ing. **Wolfgang Hofheinz** wurde 1947 in Wissenbach/Hessen geboren. Nach dem Studium der Elektrotechnik an der Fachhochschule Gießen begann er als Entwicklungsingenieur bei der AEG in Heilbronn. 1975 wurde er Entwicklungsleiter bei der Firma Bender in Grünberg/Hessen, wo er seit 1995 als Geschäftsführer tätig ist. Er ist ehrenamtlicher Mitarbeiter in vielen nationalen und internationalen elektrotechnischen Normungsgremien (DKE, ZVEI, IEC, NFPA, ESTA, ASTM). Von 2011 bis Ende 2014 hatte er das Amt des Vorsitzenden der DKE Deutsche Kommission Elektrotechnik Elektronik Informationstechnik in DIN und VDE inne. Für sein Engagement in der Normung wurde er 2006 mit dem „IEC 1906 Award" ausgezeichnet. Im November 2014 wurde *Wolfgang Hofheinz* mit der DKE-Nadel in Gold, in Anerkennung seiner herausragenden Leistungen bei der zukunftsorientierten Gestaltung des deutschen Normensystems und seines lebenslangen Einsatzes zum Schutz gegen elektrischen Schlag, geehrt. Er war bis Ende 2012 Geschäftsführer Technik der Bender GmbH & Co. KG, das Unternehmen für elektrische Sicherheit in Grünberg in Hessen und hat zahlreiche Publikationen zum Thema elektrische Sicherheit veröffentlicht.

VDE-Schriftenreihe Normen verständlich **117**

Elektrische Sicherheit in medizinisch genutzten Bereichen

Normgerechte Stromversorgung und fachgerechte Überprüfung medizinischer elektrischer Geräte

DIN VDE 0100-100
DIN VDE 0100-410
DIN VDE 0100-710
DIN IEC/TS 60479-1 (VDE V 0140-479-1)
DIN VDE 0701-0702
DIN EN 60601-1 (VDE 0750-1)
DIN EN 61140 (VDE 0140-1)
DIN EN 61557-8 (VDE 0413-8)
DIN EN 61557-9 (VDE 0413-9)
DIN EN 62353 (VDE 0751-1)

Dipl.-Ing. Wolfgang Hofheinz

4., überarbeitete Auflage 2018

VDE VERLAG GMBH

ICS 11.140; 19.080; 91.140.50

Die zusätzlichen Erläuterungen geben die Auffassung der Autoren wieder. Maßgebend für das Anwenden der Normen sind deren Fassungen mit dem neuesten Ausgabedatum, die bei der VDE VERLAG GMBH, Bismarckstr. 33, 10625 Berlin, www.vde-verlag.de, erhältlich sind.

Bibliografische Information der Deutschen Nationalbibliothek
Die Deutsche Nationalbibliothek verzeichnet diese Publikation in der Deutschen Nationalbibliografie; detaillierte bibliografische Daten sind im Internet über http://dnb.dnb.de abrufbar.

ISBN 978-3-8007-4745-0 (Buch)
ISBN 978-3-8007-4746-7 (E-Book)
ISSN 0506-6719

Druck: H. Heenemann GmbH & Co. KG, Berlin
Printed in Germany 2018-10

Vorwort

Auch für die 4. Auflage dieses Buchs war eine Reihe von Normenänderungen der Ausschlag. Nach wie vor steht die DIN VDE 0100-710:2012-10 „Errichten von Niederspannungsanlagen – Teil 7-710: Anforderungen für Betriebsstätten, Räume und Anlagen besonderer Art – Medizinisch genutzte Bereiche“ im Mittelpunkt dieses Buchs.

Zwei wichtige Normen für die elektrische Sicherheit wurden aktualisiert und in dieser Auflage eingearbeitet:

- DIN EN 61140 (**VDE 0140-1**):2016-11 „Schutz gegen elektrischen Schlag – gemeinsame Anforderungen für Anlagen und Betriebsmittel“;
- DIN VDE 0100-410:2018-10 „Errichten von Niederspannungsanlagen – Teil 4-41: Schutzmaßnahmen – Schutz gegen elektrischen Schlag“.

Änderungen weiterer Normen wurden eingearbeitet und gesondert aufgeführt.

Wie bei Fachbüchern mit Bezug zu einer Reihe von Normen und Bestimmungen üblich, war die Überarbeitung mit der Anpassung an die aktuelle Normenlage selbstverständlich. Mit dieser Ausgabe soll der Leser die aktuellen Textstellen zu den Anforderungen an die elektrische Sicherheit speziell im medizinischen Bereich finden. Ich weise aber ausdrücklich darauf hin, dass grundsätzlich die vollständigen und jeweils aktuell gültigen Vorschriften zu berücksichtigen sind.

Wie in der Vergangenheit lade ich meine Leser auch diesmal wieder zum kritischen Lesen ein, mit der Bitte, mir Ihre wertvolle Kritik, Anregungen und Vorschläge anzubieten.

Grünberg, im September 2018 *Wolfgang Hofheinz*

Ein besonderer Dank

Die Recherche, das Zusammentragen, die Erfassung, die genaue Prüfung und die Zusammenstellung von Informationen sind langwierig und allein nur schwer zu schaffen. Wie schon bei den Vorgängerausgaben, so hatte ich auch diesmal wieder viele helfende Hände und Augen.

Ein großes Dankeschön geht deshalb an:

- meine Kollegen aus den unterschiedlichen nationalen und internationalen Normengremien,
- meine Kollegen aus dem Hause Bender, vor allem an Herrn *Harald Sellner* und Herrn *Karl-Heinz Rein* für ihr Fachwissen und tatkräftige Unterstützung,
- Herrn *Michael Kreienberg*, meinen Lektor vom VDE VERLAG, für die Unterstützung bei der redaktionellen Bearbeitung des Manuskripts, den herstellerischen Arbeiten bis hin zum Druck des Buchs,
- die Freunde aus den verschiedensten Industriezweigen

und nicht zuletzt an meine Leser, die mir in Form wertvoller Kritik Feedback und Anregungen gaben.

Besonders bedanke ich mich bei Frau *Monika Patterson* aus dem Hause Bender für ihre tatkräftige Unterstützung bei der Überarbeitung der Kapitel und für die kompetente Zuarbeit bei dieser neuen Auflage. Ohne diese Unterstützung wäre die Erstellung dieses Buchs nicht so schnell vonstattengegangen.

An dieser Stelle möchte ich mich auch noch einmal ganz besonders bei den Inhabern der Firma Bender bedanken – ausdrücklich bei der ganzen Familie *Bender* – für ihre außerordentliche Unterstützung nicht nur für dieses Buch, sondern auch für die gewährte Unterstützung bei der ehrenamtlichen Normenarbeit ihrer Mitarbeiter in den verschiedenen Normengremien. Ihr ernsthafter Glaube an den weitreichenden Nutzen dieser Normenarbeit zum Wohl der gesamten Bender-Group wird sehr geschätzt.

Nicht zuletzt möchte ich mich auch bei meiner Frau *Ellen* für ihr großes Verständnis und ihre Geduld während der Erstellung dieses Buchs bedanken.

Inhalt

1 Einleitung

In keinem anderen Bereich des täglichen Lebens stehen die Begriffe Sicherheit und Leben in so enger Beziehung wie im Krankenhaus bzw. im medizinischen Bereich. Sicherheit ist einer der ureigensten Wünsche des Menschen für sein Dasein, wobei an erster Stelle natürlich der Wunsch nach Sicherheit für sein Leben steht. Die Vielzahl von Unfällen und dadurch verursachten Sach- und Personenschäden macht jedoch auch deutlich, dass der Grad an Sicherheit nicht ausschließlich menschlichen Einflüssen unterliegt.

Gerade im Krankenhaus ist der Einsatz netzbetriebener elektrischer Betriebsmittel, Systeme und Anlagen oftmals mit einem erhöhten Risiko verbunden, z. B. durch Ausfall der Stromversorgung bei lebenswichtigen und lebenserhaltenden Maßnahmen oder durch defekte Geräte. Diese Risiken sind allseits bekannt, werden aber aufgrund des deutlich höheren Nutzens akzeptiert.

Der Grad an Sicherheit wird von vielen Faktoren beeinflusst, die sich im Wesentlichen in drei Gefahrenbereiche unterteilen lassen:

- Gefährdung durch Ausfall von Geräten,
- Gefährdung durch nicht bestimmungsgemäße Anwendung,
- Gefährdung durch verfahrensbedingte Ursachen.

Wenn auch durch unvorhersehbare und unvermeidbare Fehler ein gewisses Restrisiko bleibt, so kann dieses durch konsequente Beachtung der Sorgfaltspflichten auf ein Minimum reduziert werden.

Der Gesetzgeber hat die Sorgfaltspflicht bei der Erstellung und Nutzung medizinischer elektrischer Betriebsmittel, elektrischer Systeme und elektrischer Anlagen in vielen Gesetzen und Normen dokumentiert. Daraus ergibt sich für den Patienten ein gesetzlich verankerter Anspruch auf körperliche Unversehrtheit in medizinisch genutzten Bereichen, wobei insbesondere seiner physischen und psychischen Situation Rechnung zu tragen ist. Diese Situation fordert auch von der Elektrotechnik die Bewältigung der ersten Isolationsfehler in der gesamten elektrischen Anlage, die zum Nutzen des Patienten installiert ist.

Das Ziel aller Maßnahmen ist es deshalb:

- den Patienten nicht durch einen ersten Isolationsfehler zu beunruhigen, zu schädigen oder ihn unzumutbaren Wiederholungen der medizinischen Behandlung (wenn überhaupt möglich) auszusetzen;
- das medizinische Personal, meist elektrotechnische Laien, von jeder zusätzlichen Mehrarbeit zu entlasten, d. h., den laienhaften Umgang mit dem ersten Isolationsfehler grundsätzlich zu ermöglichen;

- dem Planer, dem Ausführenden und auch dem Betreiber eine eindeutige Information für die Projektierung und Benutzung einer elektrischen Anlage im medizinisch genutzten Bereich zu geben, um damit den ersten Isolationsfehler nach bestem technischen Wissen und Gewissen auszuschalten.

Daraus lässt sich ableiten, dass die Sorgfaltspflicht bereits in der Planungsphase des medizinisch genutzten Bereichs im Krankenhaus, in der Arztpraxis oder im OP-Zentrum, aber auch in den in den letzten Jahren aufblühenden Wellnesszentren und Fitnessoasen beginnt. Eine fehlende Beachtung der vorgesehenen medizinischen Raumnutzung und der sich daraus ergebenden Anforderungen an die Stromversorgung kann später fatale Folgen haben und auch mit hohen Kosten verbunden sein. Insofern gilt es bereits frühzeitig, alle am Errichten und Betrieb eines Krankenhauses Verantwortlichen in die Planung mit einzubeziehen, um teure Spätfolgen und Ärgernisse zu vermeiden.

2 Schutz gegen elektrischen Schlag – gemeinsame Anforderungen für Anlagen und Betriebsmittel nach DIN EN 61140 (VDE 0140-1):2016-11

Im November 2016 wurde die 4. überarbeitete europäische Norm DIN EN 61140 (**VDE 0140-1**) „Schutz gegen elektrischen Schlag – Gemeinsame Anforderungen für Anlagen und Betriebsmittel" veröffentlicht. Sie enthält Maßnahmen zum Schutz gegen elektrischen Schlag und beschreibt gemeinsame Anforderungen für Anlagen und Betriebsmittel. Die Norm basiert auf der internationalen Norm IEC 61140:2016, „Protection against electric shock – Common aspects for installation and equipment", welche im Jahr 2010 zu der Ausgabe 3.1 zusammengefügt und veröffentlicht wurde. Diese internationale Norm ist eine Sicherheitsgrundnorm zum Schutz gegen elektrischen Schlag, die für die Verwendung durch technische Komitees bei der Erstellung von Normen vorgesehen ist. Im folgenden Abschnitt soll ein Überblick über die Festlegungen dieser Norm gegeben werden.

Zur besseren Übersicht und gedacht als Kurzinformation für den Anwender und Errichter von elektrischen Anlagen sind in diesem Abschnitt nur wichtige Kernaussagen dieser Norm wiedergegeben und beschrieben.

2.1 Anwendungsbereich

Diese europäische Norm ist anzuwenden für den Schutz gegen elektrischen Schlag von Personen und Nutztieren. Damit ist beabsichtigt, Grundsätze und Anforderungen vorzugeben, die gemeinsam für elektrische Anlagen, Systeme und Betriebsmittel gelten oder die für deren Koordinierung notwendig sind. Erstellt wurde die Norm für Anlagen, Systeme und Betriebsmittel ohne Begrenzung der Spannung. In dieser Norm gibt es einige Abschnitte, die sich auf Niederspannungs- und Hochspannungssysteme, Anlagen und Betriebsmittel beziehen. Für die Anwendung dieser Norm gilt als Niederspannung jede Bemessungsspannung bis einschließlich 1 000 V Wechselspannung oder 1 500 V Gleichspannung. Als Hochspannung gilt jede Bemessungsspannung über 1 000 V Wechselspannung oder 1 500 V Gleichspannung.

Die Norm gibt den Hinweis, dass es für eine effektive Planung einer Anlage und die Auswahl von Schutzmaßnahmen sinnvoll wäre, die Art der Spannung, die auftreten kann, zu berücksichtigen, z. B. AC- oder DC-Spannung, sinusförmig, transient, Phasenanschnitt-gesteuert, überlagerte Gleichspannung oder eine mögliche Mischform von diesen. Anlagen oder Betriebsmittel können die Form der Spannung beeinflussen, z. B. durch Umrichter oder Wechselrichter. Die Ströme, die im normalen Betrieb und im Fehlerfall fließen, hängen von der beschriebenen Spannung ab.

Die Anforderungen dieser Norm sind nur anzuwenden, wenn sie in anderen Normen eingearbeitet sind oder wenn in diesen auf sie Bezug genommen wird. Diese Norm ist nicht dafür vorgesehen, als eigenständige Norm angewendet zu werden.

2.2 Grundsätzliche Anforderungen für den Schutz gegen elektrischen Schlag

Der elektrische Schlag ist als physiologischer Effekt beschrieben, der durch einen elektrischen Schlag verursacht wird, der durch den menschlichen Körper oder den Körpern eines Nutztieres fließt. Gefährliche aktive Teile nicht berührbar sein, und berührbare leitfähige Teile dürfen nicht gefährlich aktiv sein:

- weder unter normalen Bedingungen – also bei bestimmungsgemäßer Verwendung ohne Fehler
- noch unter Einzelfehlerbedingungen.

Der Schutz unter **normalen Bedingungen** wird durch den **Basisschutz** bewirkt, und der Schutz unter **Einzelfehlerbedingungen** wird durch den **Fehlerschutz** bewirkt.

Verstärkte Schutzvorkehrungen bewirken den Schutz unter normalen und Einzelfehler-Bedingungen.

2.3 Schutzvorkehrungen (Bestandteile der Schutzmaßnahmen)

Alle Schutzvorkehrungen müssen so entworfen und ausgeführt werden, dass sie bei bestimmungsgemäßem Gebrauch und geeigneter Instandhaltung während der voraussichtlichen Lebensdauer der Anlage, des Systems oder des Betriebsmittels wirksam bleiben.

Die Umgebungsbedingungen sollten durch Verwendung der Klassifizierung der äußeren Einflüsse, wie sie in der Reihe IEC 60721 „Classification of environmental conditions“ und für die Prüfung in der Reihe IEC 60068 „Environmental testing“ beschrieben sind, berücksichtigt werden. Aufmerksamkeit gilt insbesondere

- der Umgebungstemperatur,
- den klimatischen Bedingungen,
- dem Auftreten von Wasser,
- den mechanischen Beanspruchungen,
- der Befähigung von Personen und den Bereichen, in denen Personen oder Tiere Berührung mit Erdpotential haben.

Technische Komitees müssen die Anforderungen zur Isolationskoordination berücksichtigen.

2.3.1 Vorkehrungen für den Basisschutz

Basisschutz muss aus einer oder mehreren Vorkehrungen bestehen, damit unter normalen Bedingungen eine Berührung von gefährlichen aktiven Teilen verhindert wird. Der Basisschutz wird erreicht durch:

- Basisisolierung,
- Schutzabdeckungen und Schutzumhüllungen,
- Hindernisse,
- Anordnung außerhalb des Handbereichs,
- Begrenzung der Spannung,
- Begrenzung von Beharrungsberührungsstrom und Energie,
- Potentialsteuerung.

2.3.2 Vorkehrungen für den Fehlerschutz

Der Fehlerschutz muss aus einer Vorkehrung oder mehreren Vorkehrungen bestehen, die unabhängig und zusätzlich zu solchen für den Basisschutz sind. Fehlerschutz wird erreicht durch:

- zusätzliche Isolierung,
- Schutzpotentialausgleich,
- Schutzschirmung,
- Meldung oder Abschaltung in Hochspannungsanlagen oder Systemen,
- automatische Abschaltung der Stromversorgung,
- einfache Trennung zwischen den Stromkreisen,
- nicht leitende Umgebung,
- Potentialsteuerung.

2.3.3 Verstärkte Schutzvorkehrungen

Eine verstärkte Schutzvorkehrung muss beides erfüllen: Basisschutz und Fehlerschutz. Es muss unwahrscheinlich sein, dass der Schutz durch verstärkte Schutzvorkehrungen vermindert wird, und es muss außerdem unwahrscheinlich sein, dass ein Einzelfehler auftritt. Verstärkte Schutzvorkehrungen sind:

- verstärkte Isolierung,
- sichere Trennung zwischen Stromkreisen,
- Stromquellen mit begrenztem Strom,
- Schutzimpedanzeinrichtung.

2.4 Schutzmaßnahmen

Abschnitt 6 von DIN EN 61140 (**VDE 0140-1**) beschreibt die Struktur typischer Schutzmaßnahmen und gibt für einige Fälle an, welche Schutzvorkehrungen für den Basisschutz und welche für den Fehlerschutz vorgesehen sind. Es gibt den:

- Schutz durch automatische Abschaltung der Stromversorgung:
  Dies ist eine Schutzmaßnahme, bei der der **Basisschutz** durch Basisisolierung zwischen gefährlichen aktiven Teilen und Körpern und der **Fehlerschutz** durch automatische Abschaltung der Stromversorgung bewirkt werden;
- Schutz durch doppelte oder verstärkte Isolierung;
- Schutz durch Schutzpotentialausgleich;
- Schutz durch Schutztrennung;
- Schutz durch nicht leitende Umgebung (Niederspannung);
- Schutz durch ein SELV-System;
- Schutz durch ein PELV-System;
- Schutz durch Begrenzung des Beharrungsberührungsstroms und der Ladung;
- zusätzlicher Schutz
  - durch RCD ≤ 30 mA mit Trenneigenschaften,
  - durch zusätzlichen Schutzpotentialausgleich;
- Schutz durch andere Maßnahmen.

2.5 Koordinieren der elektrischen Betriebsmittel mit den Schutzvorkehrungen in der elektrischen Anlage

Nach Abschnitt 7 wird der Schutz erreicht durch eine Kombination konstruktiver Maßnahmen für Betriebsmittel und Einrichtungen zusammen mit der Art der Anlage. Betriebsmittel mit dazugehöriger Schutzmaßnahme werden klassifiziert in:

- Betriebsmittel der Schutzklasse 0,
- Betriebsmittel der Schutzklasse I,
- Betriebsmittel der Schutzklasse II,
- Betriebsmittel der Schutzklasse III.

Der Abschnitt 7.6, der nur für Niederspannungsanlagen, Systeme und Betriebsmittel anzuwenden ist, regelt die Maßnahmen für Berührungsströme und Schutzleiterströme.

Es müssen Maßnahmen getroffen werden, die verhindern, dass von berührbaren, leitfähigen Teilen beim Berühren keine Gefahren, wie in DIN IEC/TS 60479 (**VDE V 0140-479**):2007-05 „Wirkung des elektrischen Stroms auf Menschen und Nutztiere“ angeführt, ausgehen können. Im Fall von Schutzleiterunterbrechungen müssen die Berührungsströme gemäß IEC 60990 gemessen werden. Wo unter Fehlerbedingungen zusätzliche Berührungsströme erlaubt sind, müssen die Bedingungen für den zusätzlichen Strom speziell festgelegt werden.

Außerdem müssen Maßnahmen in der Anlage und in den Betriebsmitteln getroffen werden, um zu verhindern, dass übermäßige Schutzleiterströme auftreten, die die Sicherheit der elektrischen Anlage beeinträchtigen. Für Ströme aller Frequenzen, die zu den Betriebsmitteln übertragen oder die von den Betriebsmitteln erzeugt werden, muss die Verträglichkeit sichergestellt sein.

Tabelle 2.1 gibt eine Erläuterung nach Anwendung von Betriebsmitteln in einer Niederspannungsanlage.

Schutzklasse der Betriebsmittel	**Kennzeichnung oder Hinweise am Betriebsmittel**	**Bedingung für die Verwendung der Betriebsmittel in der Anlage**
Schutzklasse I ⏚	Kennzeichnung der Schutzpotentialausgleichsverbindungsklemme mit Bildzeichen IEC 60417-5019:2006-08 oder mit den Buchstaben PE oder mit der Zweifarbenkombination grün-gelb	Verbindung dieser Klemme mit dem Schutzpotentialausgleich der Anlage
Schutzklasse II ⧈	Kennzeichnung mit Bildzeichen IEC 60417-5172:2003-02 (Doppelquadrat)	kein Zusammenhang mit Schutzmaßnahmen in der Anlage
Schutzklasse III ◇III	Kennzeichnung mit Bildzeichen IEC 60417-5180:2003-02 (römische III in der Raute)	Anschluss nur an SELV- und PELV-Systeme

Tabelle 2.1 Anwendung von Betriebsmitteln in einer Niederspannungsanlage nach DIN EN 61140 (**VDE 0140-1**):2016-11, Tabelle 3

2.6 Grenzen von Wechselstromanteilen der Schutzleiterströme von elektrischen Verbrauchsmitteln

Nach Abschnitt 7.6.3.3 sind die Grenzwerte für Schutzleiterströme unter normalen Betriebsbedingungen, wie in **Tabelle 2.2** angegeben, für Niederspannungs-Verbrauchsmittel anwendbar, die mit Bemessungsfrequenzen bis 1 kHz betrieben werden.

Bemessungsstrom des elektrischen Verbrauchsmittels AC	**Maximaler Schutzleiterstrom für Frequenzen bis 1 kHz**
$0 < I \leq 2$ A	5 mA
2 A $< I \leq 20$ A	0,5 mA/A
$I > 20$ A	10 mA

Tabelle 2.2 Maximaler Schutzleiterstrom für Frequenzen bis 1 kHz nach DIN EN 61140 (**VDE 0140-1**):2016-11, Tabelle 4

2.7 Anhang A: Übersicht der Schutzmaßnahmen und deren Erfüllung durch Schutzvorkehrungen

Nicht alle Schutzvorkehrungen sind sowohl für Niederspannung als auch für Hochspannung anwendbar.

Die **Bilder 2.1**, **2.2** und **2.3** sind dem Anhang A von DIN EN 61140 (**VDE 0140-1**): 2016-11 entnommen.

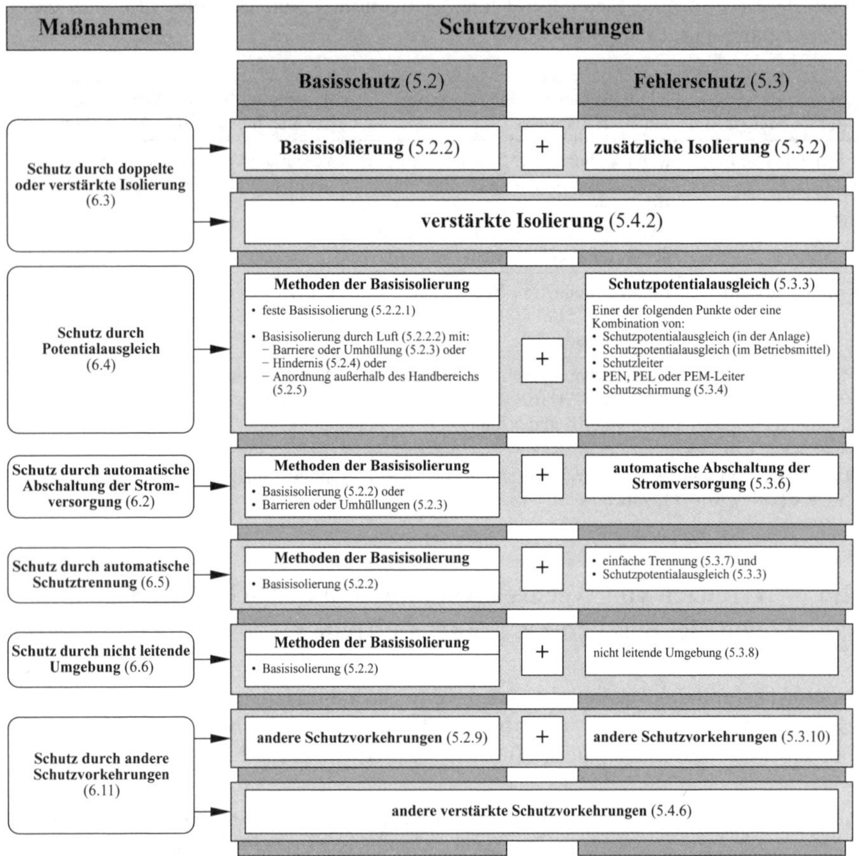

Bild 2.1 Beziehung zwischen den Schutzmaßnahmen und zugehörigen Schutzvorkehrungen für den **Basisschutz** und den **Fehlerschutz** (DIN EN 61140 (**VDE 0140-1**):2016-11, Bild A.1)

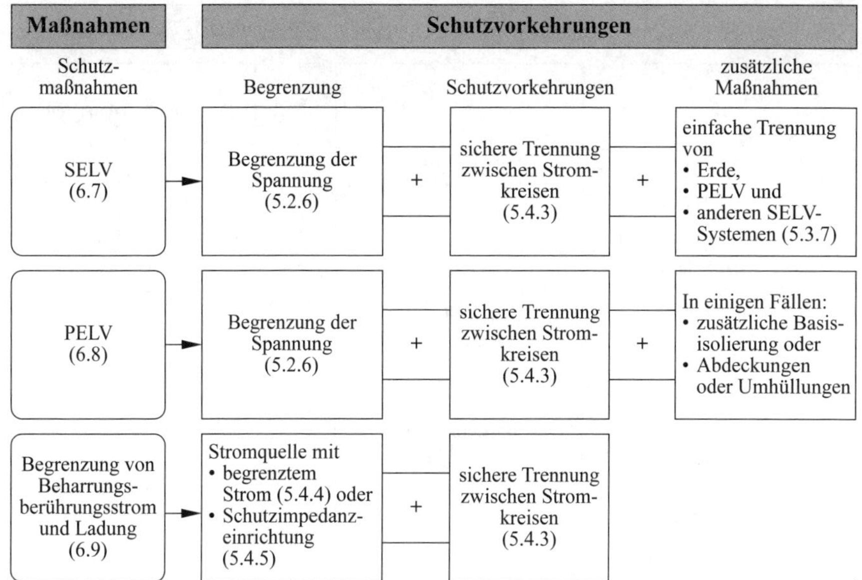

Bild 2.2 Schutzmaßnahmen mit Begrenzung der elektrischen Größe (DIN EN 61140 (**VDE 0140-1**):2016-11, Bild A.2)

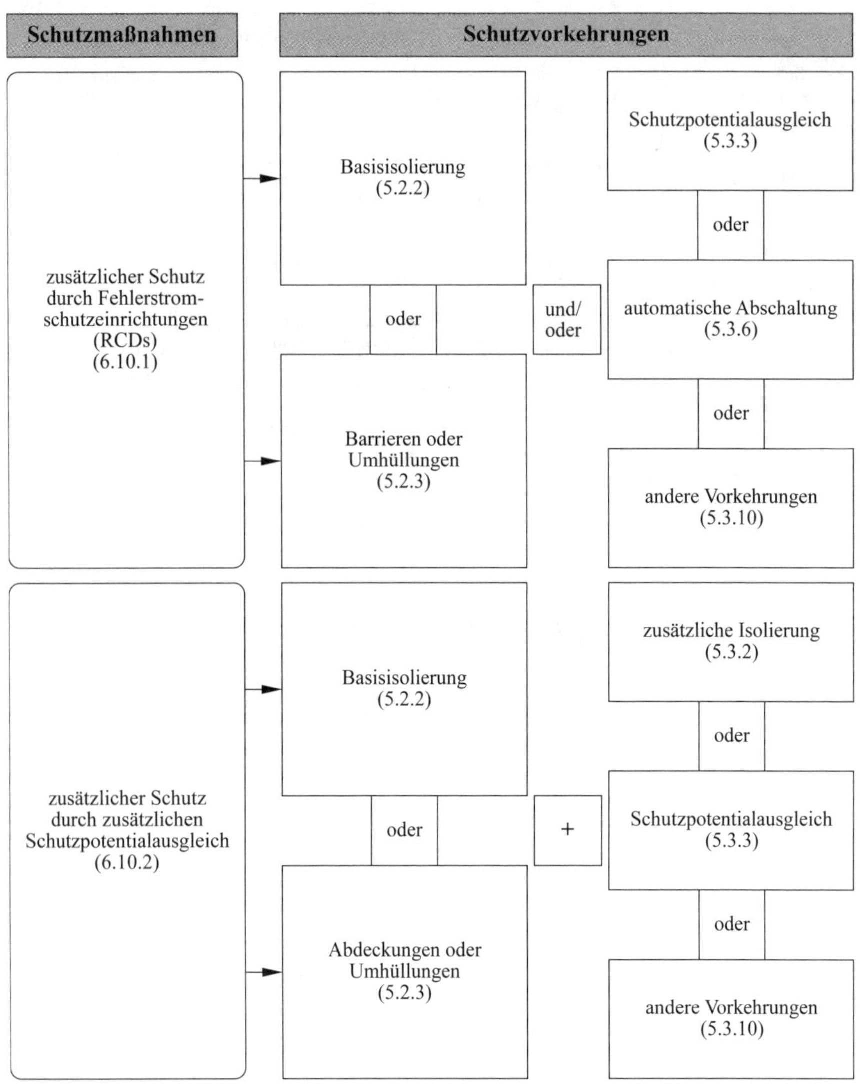

Bild 2.3 Schutzmaßnahmen: zusätzlicher Schutz (ergänzend zum Basisschutz und/oder Fehlerschutz) (DIN EN 61140 (**VDE 0140-1**):2016-11, Bild A.3)

3 Aufbau von Stromversorgungssystemen nach DIN VDE 0100-100

Dieses Kapitel beschreibt in gekürzter Form allgemeine Grundsätze, die für die Normenreihe DIN VDE 0100 „Errichten von Niederspannungsanlagen“ gelten. Der Schutz zum Erreichen der Sicherheit in elektrischen Anlagen und deren Grundsätze sowie der Aufbau der Stromversorgungen und deren Erdverbindungen werden im Folgenden beschrieben. Teil 1 des europäischen Harmonisierungsdokuments HD 60364-1 bzw. die deutsche Spiegel-Norm DIN VDE 0100-100 „Errichten von Niederspannungsanlagen – Teil 1: Allgemeine Grundsätze, Bestimmungen allgemeiner Merkmale, Begriffe“ enthalten Regeln für die Planung, Errichtung und Prüfung elektrischer Anlagen.

Die Regeln sind vorgesehen, um die Sicherheit von Personen, Nutztieren und Sachwerten vor Gefahr und Beschädigung zu garantieren, die durch angemessenen Gebrauch elektrischer Anlagen entstehen können, und um die richtige Funktion solcher Anlagen zu gewährleisten.

3.1 Schutz zum Erreichen der Sicherheit

Die in Abschnitt 131 der Norm enthaltenen Anforderungen sind dazu bestimmt, die Sicherheit von Personen, Nutztieren und Sachwerten hinsichtlich der Gefahren und Schäden sicherzustellen, die bei bestimmungsgemäßem Gebrauch elektrischer Anlagen entstehen können. Die Norm listet die folgenden Risiken auf, die bei elektrischen Anlagen auftreten können:

- gefährliche Körperströme,
- überhöhte Temperaturen, die Verbrennungen, Brände und andere schädliche Einflüsse verursachen können,
- Entzündungen einer möglicherweise explosiven Atmosphäre,
- Unterspannungen, Überspannungen und elektromagnetische Einflüsse, die wahrscheinlich eine Verletzung oder eine Schädigung hervorrufen,
- Stromversorgungsunterbrechungen und/oder Unterbrechung von Sicherheits-Stromversorgungsanlagen,
- Lichtbögen, die wahrscheinlich Blendeffekte verursachen, außergewöhnliche Drücke und/oder giftige Gase,
- mechanische Bewegung von elektrisch angetriebenen Betriebsmitteln.

3.2 Schutz gegen elektrischen Schlag

Mit dem Schutz gegen elektrischen Schlag soll verhindert werden, dass ein gefährlicher elektrischer Strom durch den menschlichen Körper oder durch den Körper eines Tiers fließt. Dieser pathologische Effekt wird nicht nur im Vorschriftensprachgebrauch, sondern auch im Volksmund als elektrischer Schlag bezeichnet. Als Schutzmaßnahmen gegen elektrischen Schlag unterscheidet DIN VDE 0100-100 zwischen dem Basisschutz und dem Fehlerschutz.

3.2.1 Basisschutz (Schutz gegen direktes Berühren)

Nach DIN VDE 0100-100 müssen Personen und Nutztiere vor Gefahren geschützt werden, die beim Berühren aktiver Teile der Anlage entstehen können. Dieser Schutz kann durch die Anwendung einer der folgenden Methoden erreicht werden:

- Verhindern, dass ein Strom durch eine Person oder ein Nutztier fließt,
- Begrenzen des Stroms, der durch eine Person oder ein Nutztier fließt, auf einen ungefährlichen Wert.

Bei Niederspannungsanlagen, Systemen und Betriebsmitteln entspricht der Basisschutz im Allgemeinen dem Schutz gegen direktes Berühren.

3.2.2 Fehlerschutz (Schutz bei indirektem Berühren)

Beim Fehlerschutz müssen Personen und Nutztiere vor Gefahren geschützt werden, die beim Berühren von Körpern elektrischer Betriebsmittel im Falle eines Fehlers entstehen. Dieser Schutz kann durch die Anwendung einer der folgenden Methoden erreicht werden:

- Verhindern, dass ein Fehlerstrom durch den Körper einer Person oder eines Nutztiers fließt,
- Begrenzung der Größe des Fehlerstroms, der durch eine Person oder ein Nutztier fließt, auf einen ungefährlichen Wert,
- Begrenzung der Dauer des Fehlerstroms, der durch eine Person oder ein Nutztier fließen kann, auf eine ungefährliche Dauer.

Bei Niederspannungsanlagen, Systemen und Betriebsmitteln entspricht der Fehlerschutz im Allgemeinen dem Schutz bei indirektem Berühren, hauptsächlich im Hinblick auf Fehler der Basisisolierung.

3.3 Planung einer elektrischen Anlage

Der Abschnitt 132 beschäftigt sich mit der Planung der elektrischen Anlage, wobei die folgenden Punkte berücksichtigt werden **müssen**:

- Schutz von Personen, Nutztieren und Sachwerten,
- geeignetes Funktionieren der elektrischen Anlage für die beabsichtigte Verwendung.

Folgende Informationen dienen als Grundlage für die Planung:

- Es ist notwendig, die Merkmale der zur Verfügung stehenden Stromversorgung oder Stromversorgungen zu kennen.
- Eine entsprechende Information durch den Netzbetreiber ist notwendig, um eine sichere Anlage in Übereinstimmung mit der Reihe DIN VDE 0100 zu planen. Diese Merkmale der Stromversorgung sollten in der Dokumentation aufgenommen werden, um die Konformität mit dieser Normenreihe aufzuzeigen. Wenn der Netzbetreiber die Merkmale der Stromversorgung ändert, kann dies Auswirkungen auf die Sicherheit der Anlage haben.
- Art des Stroms: Wechselstrom (AC) und/oder Gleichstrom (DC);
- Funktion der Leiter:
  - für AC:
    - Außenleiter,
    - Neutralleiter,
    - Schutzleiter;
  - für DC:
    - Außenleiter,
    - Mittelpunktleiter,
    - Schutzleiter;
- Werte und Toleranzen
  - Spannung, Spannungstoleranzen,
  - Spannungsunterbrechungen, Spannungsänderungen und Spannungsabsenkungen,
  - Frequenz und Frequenztoleranzen,
  - höchstzulässiger Strom,
  - Fehlerschleifenimpedanz des Netzes vor dem Speisepunkt,
  - zu erwartende Kurzschlussströme;
- Schutzvorkehrungen, die bei der Art der Stromversorgung systemeigen gegeben sind, z. B. System nach Art der Erdverbindung oder Mittelpunkterdung,
- besondere Anforderungen des Stromversorgungsunternehmens,

- Art des Bedarfs
  Anzahl und Art der Stromkreise, die erforderlich sind für Beleuchtung, Heizung, Antriebe, Steuerung, Meldung, Kommunikations- und Informationstechnik usw. sind bestimmt durch:
  - Orte, an denen Leistungsbedarf besteht,
  - Belastungen, die in den verschiedenen Stromkreisen zu erwarten sind,
  - tägliche und jährliche Schwankungen des Bedarfs,
  - jegliche besonderen Bedingungen, z. B. Oberschwingungsströme,
  - Anforderungen für Steuerung, Meldung, Informations- und Kommunikationstechnik usw.,
  - zu erwartenden künftigen Bedarf, soweit spezifiziert;
- elektrische Anlagen für Sicherheitszwecke oder Ersatzstromversorgungsanlagen,
- Umgebungsbedingungen,
- Leiterquerschnitte,
- Bauarten von Kabeln und Leitungen sowie Verlegearten,
- Betriebsmittel für den Schutz,
- Notfallsteuerung,
- Abschalteinrichtungen,
- Vermeidung gegenseitiger Beeinflussung,
- Zugänglichkeit elektrischer Betriebsmittel,
- Dokumentation der elektrischen Anlage.

3.4 Zweck, Stromversorgung und Aufbau einer Anlage

Abschnitt 311 behandelt den Leistungsbedarf und Gleichzeitigkeitsfaktor[1], Abschnitt 312 die Leiteranordnung und das System der Erdung.

3.4.1 Leiteranordnung

Bei der Planung einer Anlage ist die Anordnung der Leiter zu berücksichtigen.

Tabelle 3.1 zeigt die Anordnung Strom führender Leiter unter normalen Betriebsbedingungen, die von DIN VDE 0100-100 berücksichtigt werden.

[1] Der Gleichzeitigkeitsfaktor beim Strom zeigt an, wie viel der einzelne Stromverbraucher aus dem Stromnetz bezieht.

Wechselstrom	Gleichstrom
Einphasen-2-Leiter Einphasen-3-Leiter Zweiphasen-3-Leiter Dreiphasen-3-Leiter Dreiphasen-4-Leiter	2-Leiter 3-Leiter

Tabelle 3.1 Anordnung Strom führender Leiter in Gleich- und Wechselstromsystemen unter normalen Betriebsbedingungen

3.4.2 Systeme nach Art der Erdverbindung

In der Norm werden folgende drei Hauptversorgungssysteme nach Art der Erdverbindung berücksichtigt:

- TN-System,
- TT-System,
- IT-System.

Die verwendeten Kurzzeichen haben folgende Bedeutung:

Erster Buchstabe – Beziehung des Stromversorgungssystems zur Erde:

T direkte Verbindung eines Punkts zur Erde,

I entweder alle aktiven Teile von Erde getrennt oder ein Punkt über eine hohe Impedanz mit Erde verbunden.

Zweiter Buchstabe – Beziehung der Körper (von elektrischen Betriebsmitteln) der elektrischen Anlage zur Erde:

T direkte elektrische Verbindung der Körper (von elektrischen Betriebsmitteln) zur Erde, unabhängig von der etwa bestehenden Erdung eines Punkts des Versorgungssystems,

N direkte elektrische Verbindung der Körper (von elektrischen Betriebsmitteln) mit dem geerdeten Punkt des Versorgungssystems (in Wechselstromsystemen ist der geerdete Punkt des Versorgungssystems im Allgemeinen der Sternpunkt oder, falls ein Sternpunkt nicht vorhanden ist, ein Außenleiter).

Weitere Buchstaben (falls vorhanden) – Anordnung des Neutralleiters und des Schutzleiters:

S Schutzfunktion, die durch einen vom Neutralleiter oder von dem geerdeten Außenleiter getrennten Leiter vorgesehen wird,

C Neutralleiter- und Schutzleiterfunktion, kombiniert in einem einzigen Leiter (PEN-Leiter).

Bild 3.1 zeigt eine schematische Darstellung der Versorgungssysteme. Hier wird besonders deutlich, wie sich das IT-System von TT- und TN-Systemen durch die Art der Erdverbindung unterscheidet.

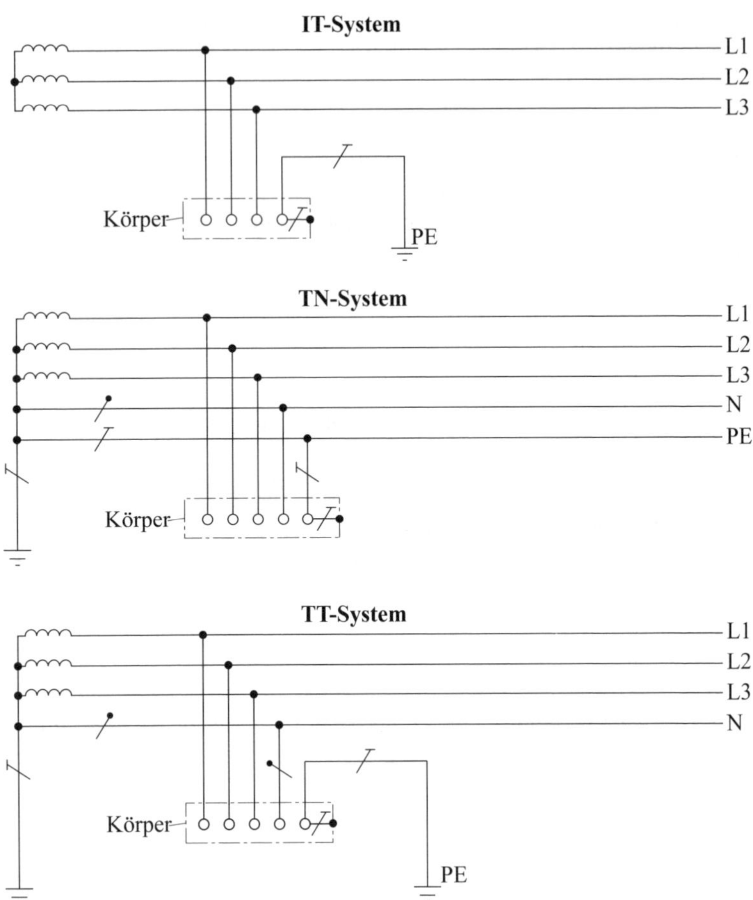

Bild 3.1 Art der Versorgungssysteme

Erklärung der Symbole in den Bildern 3.1 bis 3.7 nach DIN EN 60617-11:1997-08 „Graphische Symbole für Schaltpläne – Teil 11: Gebäudebezogene und topographische Installationspläne und Schaltpläne“:

	Neutralleiter (N); Mittelleiter (M)
	Schutzleiter (PE)
	Neutralleiter mit Schutzfunktion (PEN)

3.4.2.1 TN-Systeme

Im TN-Versorgungssystem bei Einfacheinspeisung ist ein Punkt direkt geerdet; die Körper (von elektrischen Betriebsmitteln) sind über Schutzleiter mit diesem Punkt verbunden. Drei Arten von TN-Systemen sind entsprechend der Anordnung des Neutralleiters und des Schutzleiters wie folgt zu unterscheiden:

- TN-S-System: Im gesamten System wird ein getrennter Schutzleiter verwendet (**Bild 3.2**);
- TN-C-S-System: Neutralleiter und Schutzleiterfunktion sind in einem einzigen Leiter in einem Teil des Systems kombiniert;
- TN-C-System: Neutralleiter- und Schutzleiterfunktion sind in einem einzigen Leiter im gesamten System kombiniert.

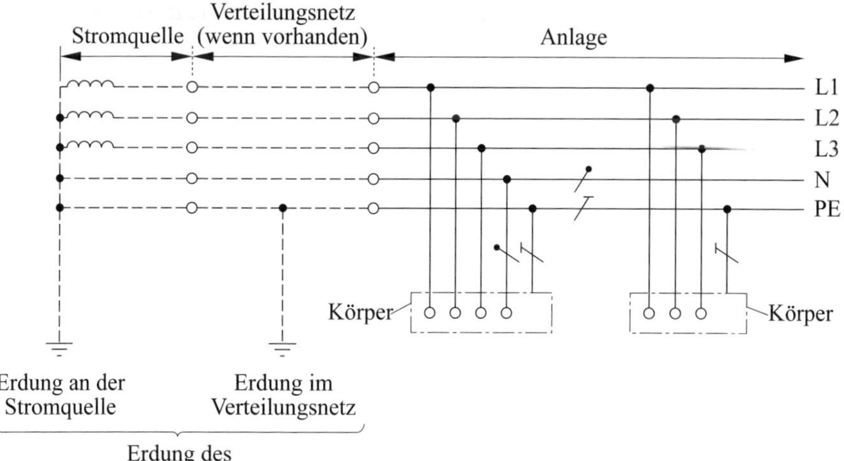

Bild 3.2 Beispiel für TN-S-System mit getrenntem Neutralleiter und Schutzleiter im gesamten System (nach DIN VDE 0100-100:2009-06, Bild 31A1) – Anmerkung: Eine zusätzliche Erdung des PE in der Anlage darf vorgesehen werden.

3.4.2.2 TT-Systeme

Im TT-Versorgungssystem ist nur ein Punkt direkt geerdet, und die Körper (von elektrischen Betriebsmitteln) der elektrischen Anlage sind mit Erdern verbunden, die unabhängig von den Erdern des Versorgungssystems (**Bild 3.3**) sind.

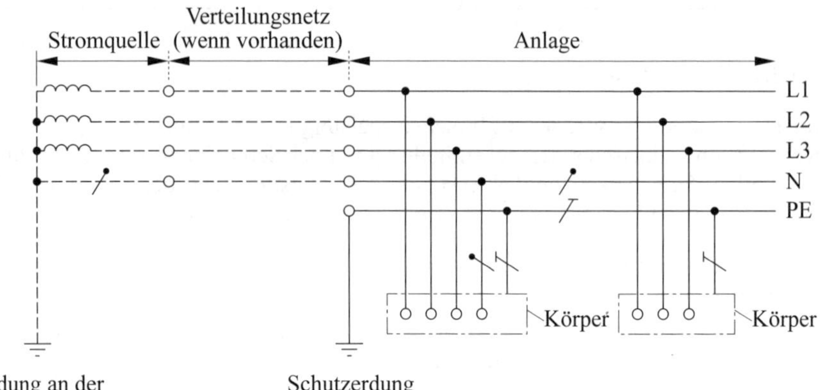

Bild 3.3 Beispiel für ein TT-System mit getrenntem Neutralleiter und Schutzleiter in der gesamten Anlage
(nach DIN VDE 0100-100:2009-06, Bild 31E1) – Anmerkung: Eine zusätzliche Erdung des PE in der Anlage darf vorgesehen werden.

3.4.2.3 IT-Systeme

Im IT-Versorgungssystem sind alle aktiven Teile von Erde getrennt, oder ein Punkt ist über eine Impedanz mit Erde verbunden. Die Körper (von elektrischen Betriebsmitteln) der elektrischen Anlage sind entweder:

- einzeln geerdet oder
- gemeinsam geerdet oder
- gemeinsam mit der Erdung des Systems verbunden, in Übereinstimmung mit DIN VDE 0100-410:2018-10, Abschnitt 411.6 (**Bild 3.4**).

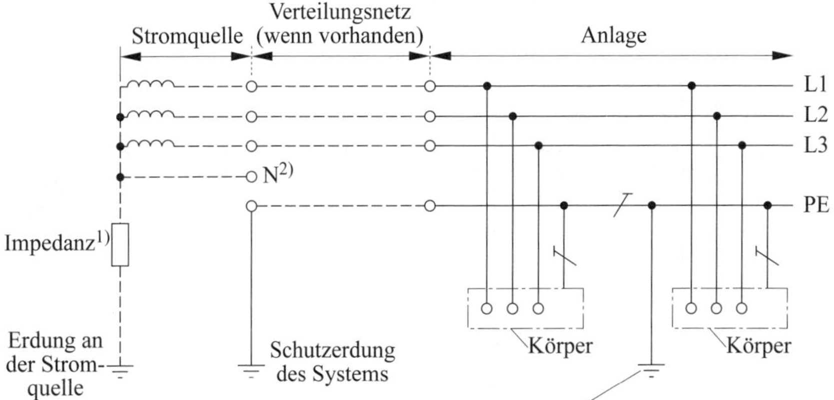

[1] Das System darf mit Erde über eine ausreichend hohe Impedanz verbunden sein. Diese Verbindung darf gemacht werden, z. B. am Mittelpunkt oder künstlichen Mittelpunkt oder an einem Außenleiter. Erdung des IT-Systems über eine ausreichend hohe Impedanz wird in Deutschland nur für Mess- oder Funktionszwecke angewendet.

[2] Der Neutralleiter darf, aber muss nicht verteilt sein.

Bild 3.4 Beispiel von einem IT-System, in dem alle Körper (von elektrischen Betriebsmitteln) miteinander durch einen Schutzleiter verbunden sind, der gemeinsam geerdet ist (nach DIN VDE 0100-100:2009-06, Bild 31G1) – Anmerkung: Eine zusätzliche Erdung des PE in der Anlage darf vorgesehen werden

Bild 3.5, **Bild 3.6** und **Bild 3.7** geben eine Übersicht der Schutzeinrichtungen und Überwachungseinrichtungen in den unterschiedlichen Versorgungssystemen.

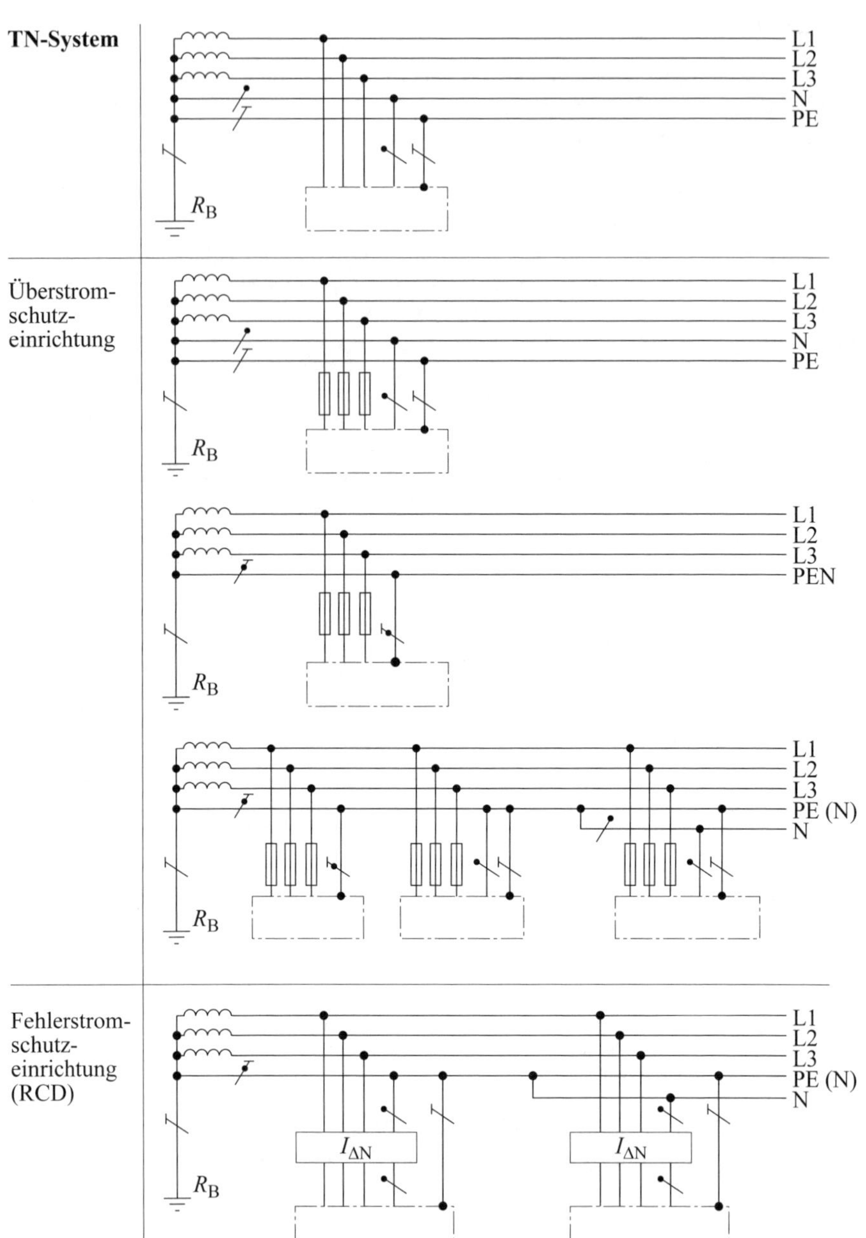

Bild 3.5 Schutzeinrichtungen in TN-Systemen

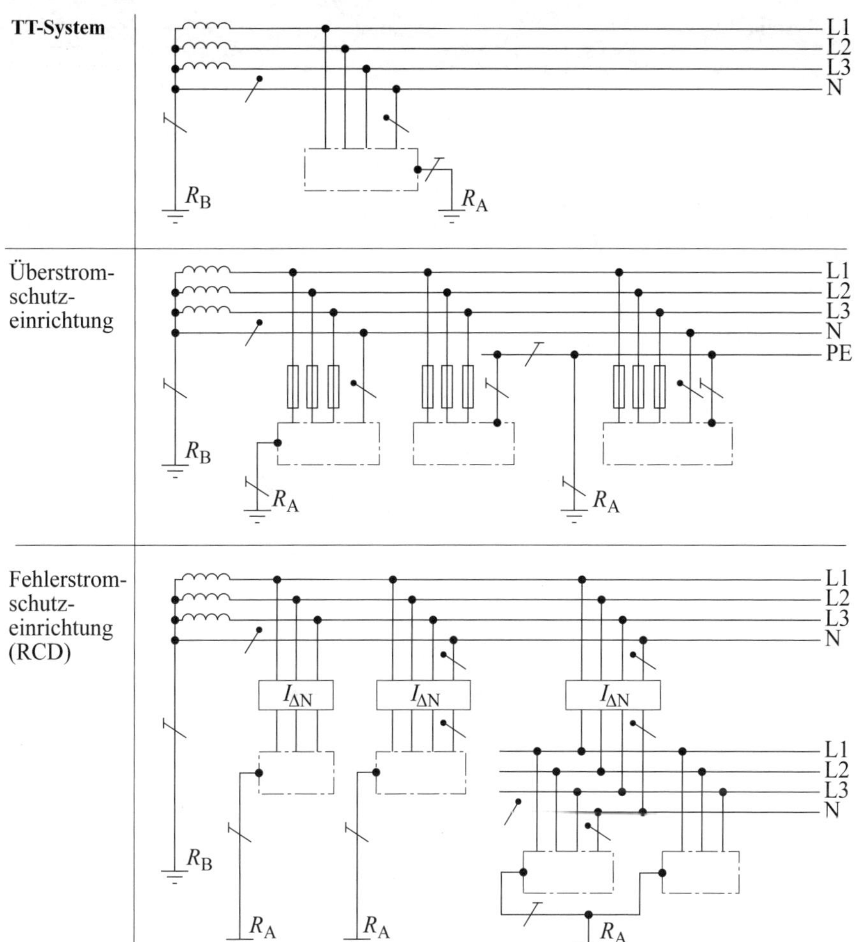

Bild 3.6 Schutzeinrichtungen in TT-Systemen

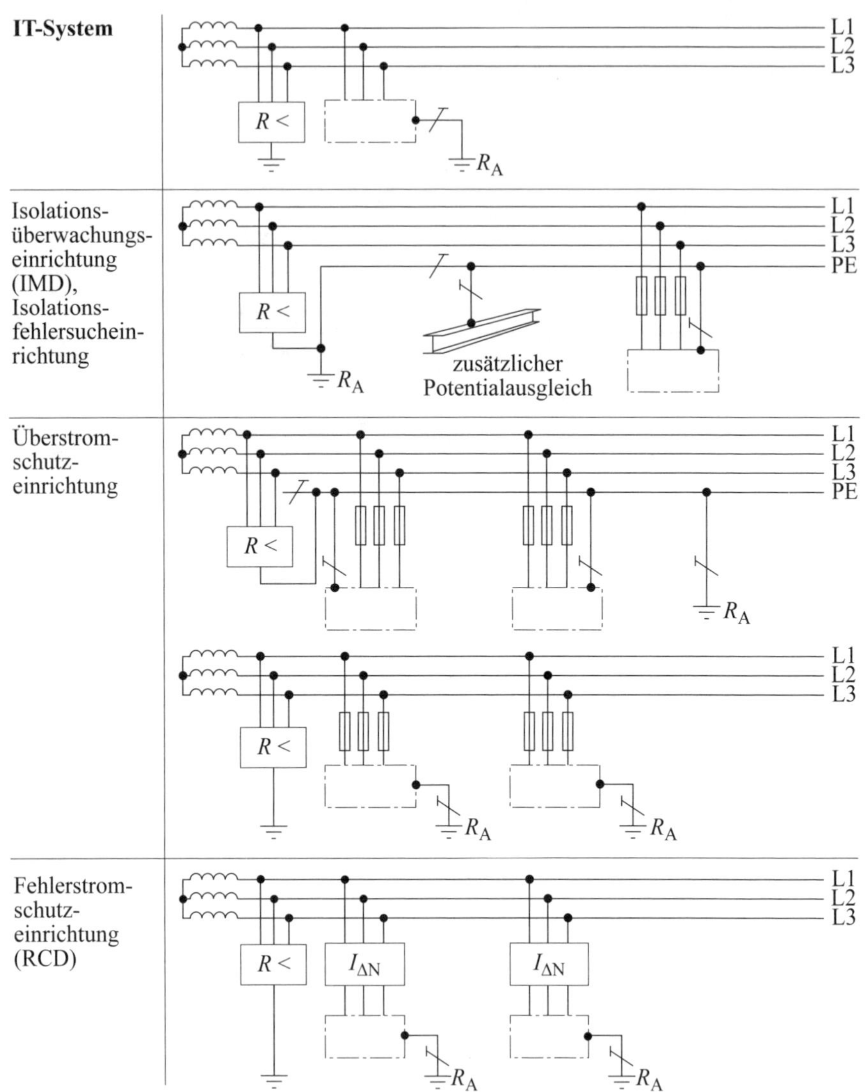

Bild 3.7 Schutz- und Überwachungseinrichtungen in IT-Systemen

4 Elektrische Anlagen und Schutzmaßnahmen nach DIN VDE 0100-410:2018-10

Die Anwendung elektrischer Energie in allen Bereichen des täglichen Lebens und der daraus resultierende selbstverständliche Umgang mit dieser Energie stellen hohe Anforderungen an die Sicherheit der elektrischen Anlagen. Eine elektrische Anlage besteht aus zwei Systemen, dem *Versorgungssystem* und dem *Schutzsystem*.

Das *Versorgungssystem* soll den Verbraucher mit elektrischer Energie versorgen. Das *Schutzsystem* soll die Sicherheit von Mensch und Tier gewährleisten.

DIN VDE 0100-410:2018-10 ist Teil der umfangreichen Normenreihe DIN VDE 0100, die sich mit dem Errichten von Niederspannungsanlagen mit Nennspannungen bis 1 000 V befasst. Diese Norm behandelt den Schutz gegen elektrischen Schlag, wie er in elektrischen Anlagen anzuwenden ist. Die Norm basiert auf der DIN EN 61140 (**VDE 0140-1**) „Schutz gegen elektrischen Schlag – Gemeinsame Bestimmungen für Anlagen und Betriebsmittel", die eine Sicherheitsgrundnorm für den Schutz von Personen und Nutztieren ist.

Die Norm DIN EN 61140 (**VDE 0140-1**) ist dafür bestimmt, grundsätzliche Prinzipien festzulegen und Anforderungen zu stellen, die sowohl für elektrische Anlagen als auch für Betriebsmittel gelten oder für deren Koordinierung notwendig sind. Grundregel des Schutzes gegen elektrischen Schlag nach DIN EN 61140 (**VDE 0140-1**) ist, dass gefährliche aktive Teile nicht berührbar sein dürfen und berührbare leitfähige Teile weder unter normalen Bedingungen noch unter Einzelfehlerbedingungen zu gefährlichen aktiven Teilen werden dürfen.

Nach DIN EN 61140 (**VDE 0140-1**) wird der Schutz unter normalen Bedingungen durch Basisschutzvorkehrungen und der Schutz unter Einzelfehlerbedingungen durch Fehlerschutzvorkehrungen vorgesehen. Alternativ wird der Schutz gegen elektrischen Schlag durch eine verstärkte Schutzvorkehrung vorgesehen, die den Schutz unter normalen Bedingungen und unter Einzelfehlerbedingungen bewirkt.

DIN VDE 0100-410:2018-10 ist eine Sicherheitsgrundnorm hinsichtlich des Schutzes gegen elektrischen Schlag. Der Anwendungsbereich von DIN VDE 0100-410:2018-10 enthält wesentliche Anforderungen für den Schutz gegen elektrischen Schlag, einschließlich Basisschutz und Fehlerschutz von Personen und Nutztieren. Sie behandelt die Anwendung und Koordinierung dieser Anforderungen in Beziehung zu äußeren Einflüssen. Mit dem Schutz gegen elektrischen Schlag soll verhindert werden, dass ein gefährlicher elektrischer Strom durch den menschlichen Körper oder den Körper eines Tieres fließt. Dieser pathologische Effekt wird nicht nur im Sprachgebrauch der Normung, sondern auch im Volksmund als elektrischer Schlag bezeichnet.

Ganz allgemein muss eine Schutzmaßnahme bestehen aus:

- einer geeigneten Kombination von **zwei** unabhängigen Schutzvorkehrungen, nämlich einer Basisschutzvorkehrung und einer Fehlerschutzvorkehrung, oder

- einer verstärkten Schutzvorkehrung, die den Basisschutz und den Fehlerschutz bewirkt.

Zusätzlicher Schutz ist festgelegt als Teil einer Schutzmaßnahme unter bestimmten Bedingungen von äußeren Einflüssen und in bestimmten besonderen Räumlichkeiten – siehe Gruppe 700 der Reihe DIN VDE 0100.

In jedem Teil einer Anlage muss eine und dürfen mehrere Schutzmaßnahmen angewendet werden, wobei die Bedingungen der äußeren Einflüsse zu berücksichtigen sind. Die folgenden Schutzmaßnahmen sind allgemein erlaubt:

- Schutz durch automatische Abschaltung der Stromversorgung;
- Schutz durch doppelte oder verstärkte Isolierung;
- Schutz durch Schutztrennung für die Versorgung eines Verbrauchsmittels;
- Schutz durch Kleinspannung mittels SELV oder PELV.

Die in der Anlage angewendeten Schutzmaßnahmen müssen bei der Auswahl und dem Errichten der Betriebsmittel berücksichtigt werden.

Die folgenden Abschnitte geben die im Normentext enthaltenen Anforderungen in gekürzter Form wieder.

Für die jeweiligen Anwendungen ist immer der Originalnormentext heranzuziehen.

Aus Gründen der Übersichtlichkeit entspricht die erste Ziffer dieses Anhangs der ersten Ziffer der Kapitelnummerierung von DIN VDE 0100-410.

4.1 Schutzmaßnahme: Automatische Abschaltung der Stromversorgung

Die wohl am häufigsten angewendete Schutzmaßnahme in elektrischen Anlagen ist der Schutz durch automatische Abschaltung der Stromversorgung.

Nach Abschnitt 411 der Norm ist Schutz durch automatische Abschaltung der Stromversorgung eine Schutzmaßnahme, bei der:

- der Basisschutz vorgesehen ist durch eine Basisisolierung der aktiven Teile oder durch Abdeckung oder Umhüllungen in Übereinstimmung mit Anhang A der Norm und
- der Fehlerschutz vorgesehen ist durch Schutzpotentialausgleich über die Haupterdungsschiene und automatische Abschaltung im Fehlerfall.

Wo diese Schutzmaßnahme angewendet ist, dürfen auch Betriebsmittel der Schutzklasse II verwendet werden.

Wo ein zusätzlicher Schutz durch Fehlerstromschutzeinrichtung (RCD) mit einem Bemessungsdifferenzstrom, der 30 mA nicht überschreitet, festgelegt ist, ist dieser in Übereinstimmung mit Abschnitt 415.1 der DIN VDE 0100-410:2018-10 vorzusehen.

Differenzstromüberwachungsgeräte (RCMs) dürfen verwendet werden, um Differenzströme in elektrischen Anlagen zu überwachen. Differenzstromüberwachungsgeräte lösen ein hörbares oder ein hör- und sichtbares Signal aus, wenn der vorgewählte Wert des Differenzstroms überschritten wird.

4.1.1 Anforderungen an den Basisschutz

Alle elektrischen Betriebsmittel müssen mit einer der im Anhang A oder, wenn zutreffend, der im Anhang B beschriebenen Vorkehrungen für den Basisschutz übereinstimmen.

Die Anhänge der Norm sind in diesem Buch im Kapitel 4.11 beschrieben.

4.2 Anforderungen an den Fehlerschutz

Abschnitt 411.3 beschreibt die Anforderungen an den Fehlerschutz. Erläutert werden hier Schutzerdung, Schutzpotentialausgleich, automatische Abschaltung im Fehlerfall und zusätzliche Maßnahmen.

4.2.1 Schutzerdung

Körper müssen mit einem Schutzleiter verbunden werden, unter den vorgegebenen Bedingungen für jedes System nach der Art der Erdverbindung, wie in Abschnitt 411.4 und Abschnitt 411.6 der DIN VDE 0100-410:2018-10 angegeben.

Gleichzeitig berührbare Körper müssen mit demselben Erdungssystem einzeln, in Gruppen oder gemeinsam verbunden werden.

Schutzleiter müssen den Anforderungen für Schutzleiter nach DIN VDE 0100-540 entsprechen.

Für jeden Stromkreis muss ein Schutzleiter vorhanden sein, der durch Anschluss an die diesem Stromkreis zugeordnete Erdungsklemme oder Erdungsschiene verbunden werden.

4.2.2 Schutzpotentialausgleich

In jedem Gebäude müssen die eingeführten Metallteile, die geeignet sind eine gefährliche Potentialdifferenz zu verursachen, und die nicht Bestandteil der Elektroinstallation sind, mit der Haupterdungsschiene durch Schutzpotentialausgleichsleiter verbunden werden. Beispiele für solche Metallteile sind:

- Rohrleitungen von Versorgungssystemen, die in Gebäude eingeführt sind, z. B. Gas, Wasser, Fernwärmesysteme;
- Fremde leitfähige Teile der Gebäudestruktur;
- berührbare Bewehrungen von Gebäudekonstruktionen aus Beton.

Wo solche leitfähigen Teile ihren Ausgangspunkt außerhalb des Gebäudes haben, müssen sie so nahe wie möglich an ihrer Eintrittsstelle innerhalb des Gebäudes miteinander verbunden werden.

Metallrohre, die in das Gebäude eindringen und einen isolierenden Abschnitt an ihrem Anfang haben, müssen nicht mit dem Schutzpotentialausgleich verbunden werden.

4.2.3 Automatische Abschaltung im Fehlerfall

Der Abschnitt 411.3.2.1 der DIN VDE 0100-410:2018-10 fordert, dass eine Schutzeinrichtung im Falle eines Fehlers mit vernachlässigbarer Impedanz

- zwischen dem Außenleiter und einem Körper oder
- einem Schutzleiter des Stromkreises oder
- dem Schutzleiter eines Betriebsmittels

die Versorgung zu den Außenleitern eines Stromkreises oder des Betriebsmittels in der geforderten Abschaltzeit automatisch unterbricht.

Diese Einrichtung muss zum Trennen mindestens der Außenleiter (des Außenleiters) geeignet sein.

Bei IT-Systemen ist die automatische Abschaltung bei Auftreten eines ersten Fehlers nicht unbedingt gefordert.

Anforderungen zur Abschaltung im Falle eines zweiten Fehlers, der an einem anderen Außenleiter auftritt, sind im Abschnitt zum IT-System geregelt.

4.2.3.1 Abschaltzeiten für TN- und TT-Systeme

Die in **Tabelle 4.1** (entspricht DIN VDE 0100-410:2018-10, Tabelle 41.1) angegebenen max. Abschaltzeiten müssen für Endstromkreise mit einem Nennstrom nicht größer als

- 63 A mit einer oder mehreren Steckdosen, und
- 32 A, die ausschließlich fest angeschlossene elektrische Verbrauchsmittel versorgen,

angewendet werden.

In TN-Systemen ist eine Abschaltzeit nicht länger als 5 s für Verteilungsstromkreise und für Stromkreise mit Nennströmen größer 63 A erlaubt.

System	$50\ V < U_0 \leq 120\ V$		$120\ V < U_0 \leq 230\ V$		$230\ V < U_0 \leq 400\ V$		$U_0 > 400\ V$	
	AC	DC	AC	DC	AC	DC	AC	DC
TN	0,8 s	[a]	0,4 s	1 s	0,2 s	0,4 s	0,1 s	0,1 s
TT	0,3 s	[a]	0,2 s	0,4 s	0,07 s	0,2 s	0,04 s	0,1 s
Wenn in TT-Systemen die Abschaltung durch eine Überstromschutzeinrichtung erreicht wird und alle fremden leitfähigen Teile in der Anlage an den Schutzpotentialausgleich über die Haupterdungschiene angeschlossen sind, darf die für TN-Systeme anwendbare Abschaltzeit verwendet werden. U_0 ist die Nennwechselspannung oder Nenngleichspannung Außenleiter gegen Erde.								
Anmerkung: Wenn für die Abschaltung eine Fehlerstromschutzeinrichtung (RCD) vorgesehen wird, siehe die Anmerkung in Abschnitt 411.4.4, die Anmerkung 4 in Abschnitt 411.5.3 und die Anmerkung 4 in Abschnitt 411.6.4 b) der DIN VDE 0100-410:2018-10.								
[a] Eine Abschaltung kann aus anderen Gründen als dem Schutz gegen elektrischen Schlag verlangt sein.								

Tabelle 4.1 Maximale Abschaltzeiten nach DIN VDE 0100-410:2018-10, Tabelle 41.1

In TT-Systemen ist eine Abschaltzeit nicht länger als 1 s für Verteilungsstromkreise und für Stromkreise mit Nennströmen größer 63 A erlaubt.

Wenn die Abschaltung der Stromversorgung durch eine Überstromschutzeinrichtung nicht erreicht werden kann oder für den Zweck die Verwendung einer Fehlerstromschutzeinrichtung (RCD) nicht möglich ist, können im Anhang D der Norm aufgezeigten Alternativen angewendet werden.

Wenn die automatische Abschaltung aus unterschiedlichen Gründen nicht in der geforderten Zeit erreicht werden kann, muss ein zusätzlicher Schutzpotentialausgleich vorgesehen werden.

4.2.3.2 Weitere Anforderungen für Steckdosen in Endstromkreisen und für die Versorgung von ortsveränderlichen Betriebsmitteln für den Außenbereich

Eine Fehlerstromschutzeinrichtung (RCD) mit einem Bemessungsdifferenzstrom nicht größer als 30 mA muss vorgesehen werden für

- Steckdosen in Endstromkreisen für Wechselstrom (AC) mit einem Bemessungsstrom nicht größer als 32 A, die für die Benutzung durch Laien und zur allgemeinen Verwendung bestimmt sind.
- Endstromkreise mit fest angeschlossenen ortsveränderlichen Betriebsmitteln für Wechselstrom (AC) zur Verwendung im Außenbereich mit einem Bemessungsstrom nicht größer als 32 A.

Dieser Abschnitt gilt nicht für IT-Systeme, bei denen der Fehlerstrom AC im Falle eines ersten Fehlers 15 mA nicht überschreitet. Hier würde auch ein direkter Isolationsfehler an einem aktiven Leiter nicht zur Abschaltung führen.

Da es aufgrund der Komplexität und der schwierigen Beurteilung der Struktur und der Ausdehnung eines IT-Systems nicht sichergestellt ist, dass die bestimmungsgemäße Funktion von Fehlerstromschutzeinrichtungen (RCDs) erfolgt, bleibt deren Einsatz in Steckdosenstromkreisen eine Ausnahme.

4.2.3.3 Zusätzliche Anforderungen für Leuchtenstromkreise in TN- und TT-Systemen

In Wohnungen müssen Fehlerstromschutzeinrichtungen (RCDs) mit einem Bemessungsfehlerstrom nicht größer als 30 mA für Endstromkreise für Wechselstrom (AC), die Leuchten enthalten, vorgesehen werden.

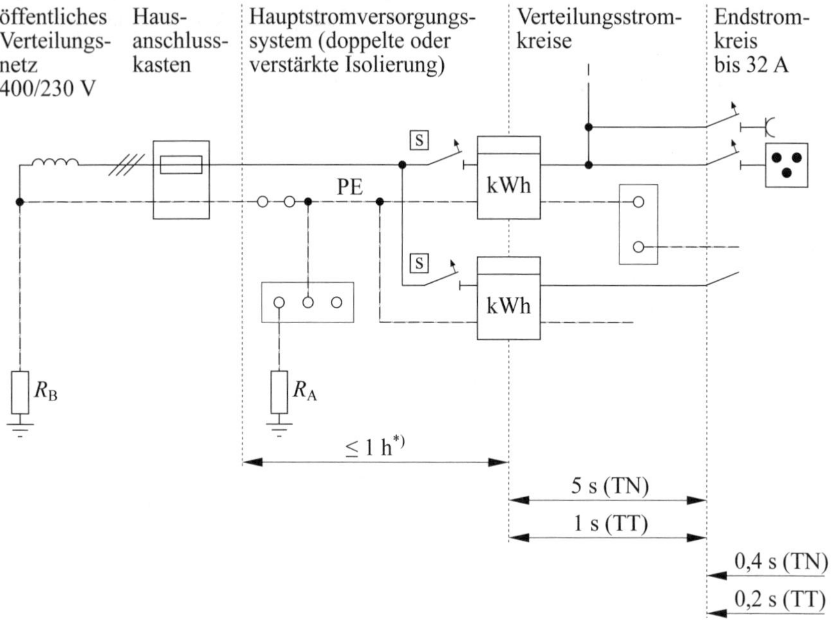

Bild 4.1 Abschaltzeiten für Stromkreise in TN- und TT-Systemen mit eine Nennwechselspannung von 400/230 V (Quelle: ZVEI)

4.3 TN-Systeme

Abschnitt 411.4 der DIN VDE 0100-410:2018-10 legt die Anforderungen an TN-Systeme fest. In TN-Systemen hängt die Erdung der elektrischen Anlage von der zuverlässigen und wirksamen Verbindung des PEN-Leiters oder Schutzleiters mit Erde ab. Wo die Erdung durch ein öffentliches oder anderes Versorgungssystem vorgesehen ist, liegen die notwendigen Bedingungen außerhalb der elektrischen Anlage in der Verantwortlichkeit des Netzbetreibers.

Der Neutral- oder der Mittelpunkt des Versorgungssystems muss geerdet werden. Wenn ein Neutral- oder Mittelpunkt nicht verfügbar oder nicht zugänglich ist, muss ein Außenleiter geerdet werden. Körper der Anlage müssen durch einen Schutzleiter mit der Haupterdungsschiene der Anlage verbunden sein, die mit dem geerdeten Punkt des Stromversorgungssystems verbunden ist.

Wenn andere wirksame Erdverbindungen bestehen, wird empfohlen, dass die Schutzleiter ebenfalls mit diesen Punkten, wo immer möglich, verbunden werden. Eine Erdung an zusätzlichen, möglichst gleichmäßig verteilten Punkten kann notwendig sein, um sicherzustellen, dass die Potentiale der Schutzleiter im Fehlerfall so wenig wie möglich vom Erdpotential abweichen.

In fest installierten Anlagen darf ein einzelner Leiter als Schutzleiter und als Neutralleiter (PEN-Leiter) dienen. In den PEN-Leiter darf aber keine Schalt- oder Trenneinrichtung eingesetzt werden. Die Kennwerte der Schutzeinrichtungen und die Stromkreisimpedanzen müssen die folgende Anforderung erfüllen:

$$Z_{\mathrm{S}} \leq \frac{U_0}{I_{\mathrm{a}}}, \tag{4.1}$$

dabei sind:

Z_{S} die Impedanz der Fehlerschleife, bestehend aus
- der Stromquelle,
- dem Außenleiter,
- dem Schutzleiter;

I_{a} der Strom in A, der das automatische Abschalten der Abschalteinrichtung innerhalb einer angegebenen Zeit bewirkt; wird eine Fehlerstromschutzeinrichtung (RCD) verwendet, ist dieser Strom der Fehlerstrom, der die Abschaltung innerhalb der in Tabelle 4.1 angegebenen Zeit vorsieht;

U_0 die Nennwechselspannung oder die Nenngleichspannung in V, Außenleiter gegen Erde.

In TN-Systemen dürfen folgende Schutzeinrichtungen für den Fehlerschutz verwendet werden:

- Überstromschutzeinrichtungen,
- Fehlerstromschutzeinrichtungen (RCDs).

Wenn eine Fehlerstromschutzeinrichtung (RCD) für den Fehlerschutz verwendet wird, sollte der Stromkreis ebenfalls durch eine Überstromschutzeinrichtung nach DIN VDE 0100-430 geschützt sein.

In TN-C-Systemen darf keine Fehlerstromschutzeinrichtung (RCD) verwendet werden.

4.4 TT-Systeme

Abschnitt 411.5 der DIN VDE 0100-410:2018-10 legt die Anforderungen an TT-Systeme fest. Alle Körper, die gemeinsam durch dieselbe Schutzeinrichtung geschützt werden, müssen durch Schutzleiter an einen gemeinsamen Erder angeschlossen werden. Wenn mehrere Schutzeinrichtungen in Reihe verwendet werden, gilt diese Anforderung jeweils getrennt für alle Körper, die durch dieselbe Schutzeinrichtung geschützt werden.

Der Neutralpunkt oder der Mittelpunkt des Versorgungssystems muss geerdet werden. Wenn ein Neutralpunkt oder ein Mittelpunkt nicht verfügbar oder nicht zugänglich ist, muss ein Außenleiter geerdet werden.

In TT-Systemen sind im Allgemeinen Fehlerstromschutzeinrichtungen (RCDs) für den Fehlerschutz zu verwenden. Alternativ dürfen Überstromschutzeinrichtungen für den Fehlerschutz unter der Voraussetzung verwendet werden, dass ein geeignet niedriger Wert von Z_S dauerhaft und zuverlässig sichergestellt ist. Wenn eine Überstromschutzeinrichtung für den Fehlerschutz verwendet wird, muss die folgende Bedingung erfüllt werden:

- Beachtung der geforderten Abschaltzeit,
- Einhaltung der folgenden Vorgaben:
  Wenn R_A nicht bekannt ist, kann er durch Z_S ersetzt werden:

$$Z_S \leq \frac{U_0}{I_a},$$

Z_S ist durch R_A zu ersetzen und U_0 durch 50 V, dabei ist

Z_S die Impedanz der Fehlerschleife, bestehend aus
- der Stromquelle,
- dem Außenleiter bis zum Fehlerort,
- dem Schutzleiter der Körper,
- dem Erdungsleiter,
- dem Anlagenerder und
- dem Erder der Stromquelle;

I_a der Strom, der das automatische Abschalten der Abschalteinrichtung innerhalb der in Abschnitt 411.3.2.2 oder der in Abschnitt 411.3.2.4 der DIN VDE 0100-410:2018-10 angegebenen Zeit bewirkt;

U_0 die Nennwechselspannung oder Nenngleichspannung Außenleiter gegen Erde.

4.5 IT-Systeme

Abschnitt 411.6 der DIN VDE 0100-410:2018-10 legt die Anforderungen an ungeerdete IT-Systeme fest. In IT-Systemen müssen die aktiven Teile entweder gegen Erde isoliert sein oder über eine ausreichend hohe Impedanz mit Erde verbunden werden. Diese Verbindung darf entweder am Neutralpunkt oder am Mittelpunkt des Versorgungssystems oder an einem künstlichen Neutralpunkt vorgesehen werden. Der künstliche Neutralpunkt darf unmittelbar mit Erde verbunden werden, wenn die resultierende Nullimpedanz bei der Frequenz des Versorgungssystems ausreichend groß ist. Wenn kein Neutralpunkt oder Mittelpunkt ausgeführt ist, darf ein Außenleiter über eine hohe Impedanz mit Erde verbunden werden.

Der Fehlerstrom ist dann bei Auftreten eines Einzelfehlers gegen einen Körper oder gegen Erde niedrig, und die automatische Abschaltung ist nicht gefordert, vorausgesetzt, die Bedingungen an R_A und I_d sind erfüllt. Es müssen jedoch Vorkehrungen getroffen werden, um das Risiko gefährlicher pathophysiologischer Einwirkungen auf eine Person, die in Verbindung mit gleichzeitig berührbaren Körpern steht, im Falle von zwei gleichzeitig auftretenden Fehlern zu vermeiden.

Die Körper müssen einzeln, gruppenweise oder gemeinsam geerdet sein. In Wechselstromsystemen muss die folgende Bedingung erfüllt sein, um die Berührungsspannung zu begrenzen auf:

$$R_A \cdot I_d \leq 50\ \text{V},$$

dabei sind

R_A die Summe der Widerstände in Ω des Erders und des Schutzleiters zum jeweiligen Körper;

I_d der Fehlerstrom in A beim ersten Fehler mit vernachlässigbarer Impedanz zwischen einem Außenleiter und einem Körper. Der Wert von I_d berücksichtigt die Ableitströme und die Gesamtimpedanz der elektrischen Anlage gegen Erde.

In Gleichstromsystemen wird die Begrenzung der Berührungsspannung nicht berücksichtigt, weil der Wert von I_d als vernachlässigbar klein angesehen wird.

In IT-Systemen dürfen die folgenden Überwachungs- und Schutzeinrichtungen verwendet werden:

- Isolationsüberwachungseinrichtungen (IMD),
- Differenzstromüberwachungseinrichtungen (RCM),
- Einrichtungen zur Isolationsfehlersuche (IFLS),
- Überstromschutzeinrichtungen,
- Fehlerstromschutzeinrichtungen (RCD).

Wenn eine Fehlerstromschutzeinrichtung (RCD) verwendet wird, kann beim Auftreten eines ersten Fehlers ein Abschalten der Fehlerstromschutzeinrichtung (RCD) aufgrund von kapazitiven Ableitströmen nicht ausgeschlossen werden.

4.5.1 IT-Systeme ohne Abschaltung beim ersten Isolationsfehler

Werden IT-Systeme so geplant, dass beim ersten Isolationsfehler keine Abschaltung erfolgt, muss der erste Fehler durch eine der folgenden Einrichtungen gemeldet werden:

- Isolationsüberwachungseinrichtung (IMD), die mit einer Einrichtung zur Isolationsfehlersuche (IFLS) kombiniert werden kann,
- Differenzstromüberwachungseinrichtung (RCM), unter der Voraussetzung, dass der Differenzstrom ausreichend groß ist, um erfasst zu werden.

Anmerkung: Differenzstromüberwachungseinrichtungen (RCMs) können keine symmetrischen Isolationsfehler erkennen.

Die Einrichtung muss ein hörbares und/oder sichtbares Signal erzeugen, das so lange andauert, wie der Fehler besteht. Dieses Signal kann durch einen Relaisausgang, einen elektronischen Schalter oder über ein Kommunikationsprotokoll erzeugt werden. Die optische und/oder akustische Meldung muss an einer geeigneten Stelle so angeordnet werden, dass sie von zuständigen Personen wahrgenommen wird. Wenn sowohl hörbare als auch sichtbare Signale vorhanden sind, ist es zulässig, das hörbare Signal abzuschalten.

Es wird empfohlen, dass ein erster Isolationsfehler so schnell wie praktisch möglich beseitigt wird.

Zusätzlich darf eine Einrichtung zur Isolationsfehlersuche (IFLS) in Übereinstimmung mit DIN EN 61557-9 (**VDE 0413-9**) vorgesehen werden, um den Ort des ersten Isolationsfehlers von einem aktiven Teil zu Körpern von elektrischen Betriebsmitteln zu Erde oder einem anderen Bezugspunkt anzuzeigen.

4.5.2 IT-Systeme nach Auftreten eines zweiten Fehlers

Nach dem Auftreten eines ersten Fehlers müssen folgende Bedingungen für die Abschaltung der Stromversorgung im Falle eines zweiten Fehlers, der sich auf einem anderen Außenleiter ereignet, erfüllt werden:

a) Wenn die Körper durch Schutzleiter miteinander verbunden und gemeinsam über dieselbe Erdungsanlage geerdet sind, gelten die Bedingungen vergleichbar zum TN-System und die folgenden Bedingungen müssen erfüllt werden:

   In Wechselstromsystemen ohne Neutralleiter und in Gleichstromsystemen ohne Mittelleiter:

   $$Z_S \leq \frac{U_0}{2 I_a}$$

   oder wenn in solchen Systemen der Neutralleiter bzw. der Mittelleiter verteilt ist

$$Z_S' \leq \frac{U_0}{2I_a},$$

dabei sind:

U_0 die Nennwechselspannung oder Nenngleichspannung zwischen Außenleiter und Neutralleiter oder Mittelleiter, wie zutreffend,

U die Nennwechselspannung oder Nenngleichspannung zwischen Außenleitern,

Z_S' die Impedanz der Fehlerschleife, bestehend aus dem Außenleiter und dem Schutzleiter des Stromkreises,

Z_S die Impedanz der Fehlerschleife, bestehend aus dem Neutralleiter und dem Schutzleiter des Stromkreises,

I_a der Strom, der die Funktion der Schutzeinrichtung innerhalb der in Abschnitt 411.3.2.2 für TN-Systeme oder der in Abschnitt 411.3.2.3 der DIN VDE 0100-410:2018-10 geforderten Zeit bewirkt.

Zu den Formeln gibt es in der DIN VDE 0100-410:2018-10 folgende Anmerkungen:

Anmerkung 1: Die (in Tabelle 4.1) für TN-Systeme angegebene Abschaltzeit wird für IT-Systeme mit oder ohne Verteilung von Neutralleiter oder Mittelleiter angewendet.

Anmerkung 2: Der Faktor 2 in beiden Formeln berücksichtigt, dass beim gleichzeitigen Auftretenden von zwei Fehlern die Fehler in verschiedenen Stromkreisen bestehen können.

Anmerkung 3: Für die Impedanz der Fehlerschleife sollte der ungünstigste Fall berücksichtigt werden, z. B. ein Fehler am Außenleiter an der Stromquelle und gleichzeitig ein anderer Fehler an einem Außenleiter einer anderen Phase bzw. am Neutralleiter eines elektrischen Verbrauchsmittels des betrachteten Stromkreises.

b) Wenn die Körper gruppenweise oder einzeln geerdet sind, gilt die folgende Bedingung:

$$R_A \leq \frac{50\ \text{V}}{I_a},$$

dabei ist

R_A die Summe der Widerstände in Ω des Erders und des Schutzleiters für die Körper,

I_a der Strom in A, der die Funktion der Schutzeinrichtung innerhalb der für TT-Systeme oder der in Norm geforderten Zeit bewirkt (Tabelle 4.1).

4.6 FELV

Nach DIN VDE 0100-410:2018-10, Abschnitt 411.7 gibt es zusätzlich zu den Schutzmaßnahmen TT-, TN- und IT-System noch die Vorkehrung FELV. Die Funktionskleinspannung (engl. Functional Extra Low Voltage, FELV, früher „Funktionskleinspannung ohne sichere Trennung") ist eine kleine elektrische Spannung, die hinsichtlich ihrer Höhe an sich keine Gefahr beim Berühren darstellt, ihre Erzeugung beinhaltet jedoch keine Schutzmaßnahmen, die im Fehlerfall Gefahren ausschließen.

In Fällen, in denen aus Funktionsgründen eine Nennspannung, die 50 V Wechselspannung oder 120 V Gleichspannung nicht überschreitet, angewendet wird, aber nicht alle Anforderungen bezüglich SELV oder PELV (siehe Kapitel 4.10) erfüllt sind, und in denen SELV oder PELV nicht notwendig ist, müssen die ergänzenden Vorkehrungen angewendet werden, um den Basisschutz und den Fehlerschutz sicherzustellen. Diese Kombination von Vorkehrungen wird FELV genannt.

Basisschutz muss vorgesehen werden:

- entweder durch Basisisolierung in Übereinstimmung mit Anhang A, A.1 der DIN VDE 0100-410:2018-10 und entsprechend der Nennspannung des Primärstromkreises der Stromquelle
- oder durch Abdeckungen oder Umhüllungen in Übereinstimmung mit Anhang A, A.2 der DIN VDE 0100-410:2018-10.

Der Fehlerschutz muss vorgesehen werden:

Die Körper der Betriebsmittel des FELV-Stromkreises müssen mit dem Schutzleiter des Primärstromkreises der Stromquelle verbunden werden, vorausgesetzt, der Primärstromkreis ist geschützt durch die in Abschnitt 411.3 und eine der in den Abschnitten 411.4 bis 411.6 der DIN VDE 0100-410:2018-10 beschriebenen Schutzmaßnahmen zur automatischen Abschaltung der Stromversorgung.

Stromquellen für FELV-Vorkehrungen:

Die Stromquelle für das FELV-System muss entweder ein Transformator mit zumindest einfacher Trennung zwischen den Wicklungen sein oder sie muss die Anforderungen in Abschnitt 414.3 der DIN VDE 0100-410:2018-10 erfüllen.

Stecker und Steckdosen für FELV-Systeme müssen mit den folgenden Anforderungen übereinstimmen:

- Stecker dürfen nicht in Steckdosen für andere Spannungssysteme eingeführt werden können,
- In Steckdosen dürfen keine Stecker für andere Spannungssysteme eingeführt werden können,
- Steckdosen müssen einen Schutzkontakt haben.

4.7 Schutzmaßnahme: doppelte oder verstärkte Isolierung

Der Abschnitt 412 der DIN VDE 0100-410:2018-10 beschreibt die Anforderungen an die Schutzmaßnahme doppelte oder verstärkte Isolierung. Allgemein ist eine doppelte oder verstärkte Isolierung eine Schutzmaßnahme in der

- der Basisschutz durch Basisisolierung vorgesehen ist und der Fehlerschutz durch eine zusätzliche Isolierung vorgesehen ist oder
- der Basisschutz und Fehlerschutz durch verstärkte Isolierung zwischen aktiven Teilen und berührbaren Teilen vorgesehen ist.

Diese Schutzmaßnahme ist vorgesehen, um bei Fehlern in der Basisisolierung das Auftreten einer gefährlichen Spannung an dann berührbaren Teilen der elektrischen Betriebsmittel zu verhindern. Die Schutzmaßnahme durch doppelte oder verstärkte Isolierung ist in allen Situationen anwendbar, es sei denn, in Gruppe 700 der Reihe DIN VDE 0100 gibt es Einschränkungen.

In Fällen, wo diese Schutzmaßnahme als alleinige Schutzmaßnahme angewendet wird (z. B. wenn für einen Stromkreis oder einen Teil einer Anlage vorgesehen ist, nur Betriebsmittel mit doppelter oder verstärkter Isolierung zu errichten), muss nachgewiesen werden, das effektive Maßnahmen ergriffen werden, z. B. wirksame Überwachung, sodass keine Änderung durchgeführt werden kann, die die Wirksamkeit dieser Schutzmaßnahme beeinträchtigt.

Diese Schutzmaßnahme darf deshalb nicht für Stromkreise mit Steckdosen mit einem Erdungskontakt angewendet werden. Diese Betriebsmittel sind gekennzeichnet mit dem Symbol (**Bild 4.2**) nach IEC 60417 – 5172:2003-02.

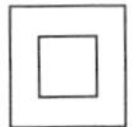

Bild 4.2 Symbol für Betriebsmittel der Schutzklasse II nach IEC 60417 – 5172:2003-02

Weiterhin werden im Abschnitt 412 der DIN VDE 0100-410:2018-10 Angaben zu Umhüllungen der genannten Betriebsmittel und zu Ausführung der Kabel-und Leitungsanlagen gegeben.

4.8 Schutzmaßnahme Schutztrennung

Der Abschnitt 413 der DIN VDE 0100-410:2018-10 beschreibt die Schutzmaßnahme Schutztrennung. Die Schutztrennung ist eine Schutzmaßnahme, bei der

- der Basisschutz vorgesehen ist durch Basisisolierung der aktiven Teile oder durch Abdeckungen oder Umhüllungen in Übereinstimmung mit Anhang A DIN VDE 0100-410:2018-10 und
- der Fehlerschutz vorgesehen ist durch einfache Trennung des Stromkreises mit Schutztrennung von anderen Stromkreisen und von Erde.

Der Stromkreis muss von einer Stromquelle mit mindestens einfacher Trennung versorgt werde und die Spannung des Stromkreises mit Schutztrennung darf nicht größer als **500 Volt** sein. Aktive Teile des Stromkreises mit Schutztrennung dürfen an keinem Punkt mit einem anderen Stromkreis oder mit Erde oder mit einem Schutzleiter verbunden werden. Für Stromkreise mit Schutztrennung wird die Verwendung einer getrennten Kabel- und Leitungsanlage empfohlen.

4.9 Schutzmaßnahme: Schutz durch Kleinspannung mittels SELV oder PELV

Diese Schutzmaßnahme wird in Abschnitt 414 der DIN VDE 0100-410:2018-10 beschrieben. Der Schutz durch Kleinspannung ist eine Schutzmaßnahme die aus einer oder zwei unterschiedlichen Wechselspannungssystemen besteht SELV oder PELV bezeichnet. Bei dieser Schutzmaßnahme ist gefordert,

- die Begrenzung der Spannung auf AC 50 V oder DC 120 V **und**
- sichere Trennung der Stromkreise von allen anderen Stromkreisen, die nicht SELV- oder PELV-Stromkreise sind **und**
- Basisisolierung zwischen dem SELV- oder PELV-System und anderen SELV- und PELV-Systemen **und**
- nur für SELV-Systeme Basisisolierung zwischen dem SELV-System und Erde.

4.10 Zusätzlicher Schutz

Der Abschnitt 415 der DIN VDE 0100-410:2018-10 schreibt einen zusätzlichen Schutz vor. Ein zusätzlicher Schutz kann zusammen mit den Schutzmaßnahmen unter bestimmten Bedingungen von äußeren Einflüssen und in bestimmten speziellen Bereichen festgelegt sein (siehe Gruppe 700 der Reihe DIN VDE 0100).

Der zusätzliche Schutz kann durch Fehlerstromschutzeinrichtungen (RCD) erreicht werden.

Die Verwendung von Fehlerstromschutzeinrichtungen (RCD) mit einem Bemessungsdifferenzstrom, der 30 mA nicht überschreitet, hat sich in Wechselstromsystemen als zusätzlicher Schutz beim Versagen von Vorkehrungen für den Basisschutz und/oder von Vorkehrungen für den Fehlerschutz oder bei Sorglosigkeit durch die Benutzer bewährt. Die Verwendung solcher Einrichtung ist nicht als alleiniges Mittel des Schutzes gegen elektrischen Schlag anerkannt und schließt nicht die Notwendigkeit aus, eine der Schutzmaßnahmen nach den Abschnitten 411 bis 414 der DIN VDE 0100-410:2018-10 anzuwenden.

Der zusätzliche Schutz durch zusätzlichen Schutzpotentialausgleich

Der zusätzliche Schutzpotentialausgleich wird als ein Zusatz zum Fehlerschutz angesehen. Das Verwenden des zusätzlichen Potentialausgleichs schließt nicht die Notwendigkeit aus, die Stromversorgung aus anderen Gründen abzuschalten, z. B. aus Gründen des Brandschutzes. Die Bemessung des Schutzpotentialausgleichsleiters erfolgt nach DIN VDE 0100-540.

4.11 Anhänge von DIN VDE 0100-410:2018-10

Die Anhänge A, B, C und D von DIN VDE 0100-410 sind normativ und im Folgenden auszugsweise beschrieben.

4.11.1 Anhang A (normativ) – Vorkehrungen für den Basisschutz unter normalen Bedingungen

Vorkehrungen für den Basisschutz sehen den Schutz unter normalen Bedingungen vor, und sie werden verwendet, wo sie als ein Teil der gewählten Schutzmaßnahme festgelegt sind. Dies kann erreicht werden durch:

- *Basisisolierung aktiver Teile*
  Hier besagt die Norm, dass die Isolierung dafür bestimmt ist, das Berühren aktiver Teile zu verhindern. Danach müssen aktive Teile vollständig mit einer Isolierung abgedeckt sein, die nur durch Zerstörung entfernt werden kann. Für Betriebsmittel muss die Isolierung mit der entsprechenden Norm für die Betriebsmittel übereinstimmen.
- *Abdeckungen oder Umhüllungen*
  Abdeckungen oder Umhüllungen sind dafür bestimmt, das Berühren aktiver Teile zu verhindern. Wenn hinter einer Abdeckung oder einer Umhüllung Betriebsmittel errichtet sind, die nach ihrem Abschalten gefährliche elektrische Ladungen behalten (Kapazitäten usw.), ist eine Warnaufschrift erforderlich.

4.11.2 Anhang B (normativ) – Vorkehrungen für den Basisschutz unter besonderen Bedingungen – Hindernisse und Anordnung außerhalb des Handbereichs

Die Schutzvorkehrungen „Schutz durch Hindernisse“ und „Schutz durch Anordnung außerhalb des Handbereichs“ sehen nur den Basisschutz vor. Sie sind ausschließlich zur Anwendung in Anlagen mit oder ohne Fehlerschutz vorgesehen, die nur von Elektrofachkräften oder elektrotechnisch unterwiesenen Personen betrieben und überwacht werden.

Die Bedingungen der Überwachung, bei der die Schutzvorkehrungen für den Basisschutz nach Anhang B als Teil der Schutzmaßnahme angewendet werden dürfen, sind in Abschnitt 410.3.5 der DIN VDE 0100-410:2018-10 angegeben.

Hindernisse

Hindernisse sind vorgesehen, um unabsichtliches Berühren aktiver Teile zu verhindern, aber nicht das absichtliche Berühren durch bewusstes Umgehen des Hindernisses.

Anordnung außerhalb des Handbereichs

Der Schutz durch Anordnen außerhalb des Handbereichs ist nur dafür vorgesehen, ein unbeabsichtigtes Berühren aktiver Teile zu verhindern. Gleichzeitig berührbare Teile unterschiedlichen Potentials dürfen nicht innerhalb des Handbereichs angeordnet sein. Zwei Teile werden als gleichzeitig berührbar angesehen, wenn sie nicht mehr als 2,5 m voneinander entfernt angeordnet sind.

4.11.3 Anhang C (normativ) – Schutzvorkehrungen zur ausschließlichen Anwendung, wenn die Anlage nur durch Elektrofachkräfte oder elektrotechnisch unterwiesene Personen betrieben und überwacht wird

Die Bedingungen der Überwachung, bei der die Schutzvorkehrungen für den Fehlerschutz (Schutz bei indirektem Berühren) nach Anhang C als Teil der Schutzmaßnahme angewendet werden dürfen, sind in den allgemeinen Anforderungen nach Abschnitt 410.3.6 der DIN VDE 0100-410:2018-10 angegeben.

Nicht leitende Umgebung

Diese Schutzmaßnahme ist dafür vorgesehen, ein gleichzeitiges Berühren von Teilen, die durch Fehler der Basisisolierung aktiver Teile ein unterschiedliches Potential haben, zu verhindern. Alle elektrischen Betriebsmittel müssen mit einer der in Anhang A der DIN VDE 0100-410:2018-10 beschriebenen Schutzvorkehrungen für den Basisschutz (Schutz gegen direktes Berühren) ausgestattet sein.

Schutz durch erdfreien örtlichen Schutzpotentialausgleich

Der erdfreie, örtliche Schutzpotentialausgleich ist dafür vorgesehen, das Auftreten einer gefährlichen Berührungsspannung zu verhindern.

Schutztrennung mit mehr als einem Verbrauchsmittel

Schutztrennung eines einzelnen Stromkreises ist dafür vorgesehen, Ströme zu verhindern, die einen elektrischen Schlag bei Berühren von Körpern verursachen, die durch einen Fehler der Basisisolierung des Stromkreises unter Spannung stehen können.

Es müssen Vorsichtsmaßnahmen getroffen werden, um den getrennten Stromkreis vor Beschädigung und Isolationsfehler zu schützen. Es muss sichergestellt werden, dass beim Auftreten von je einem Fehler in zwei verschiedenen Betriebsmitteln in unterschiedlichen Außenleitern eine Schutzeinrichtung die Stromversorgung in der vorgegebenen Zeit abschaltet.

Es wird empfohlen, dass das Produkt aus der Nennspannung des Stromkreises in Volt und der Länge der Kabel- und Leitungsanlage in Metern den Wert 100 000 nicht überschreiten sollte und dass die Länge der Kabel- und Leitungsanlage 500 m nicht überschreiten sollte.

4.11.4 Anhang D (normativ) – Vorkehrungen, wenn automatische Abschaltung in der geforderten Zeit nach Abschnitt 411.3.2 der DIN VDE 0100-410:2018-10 nicht erreicht werden kann

Wenn die automatische Abschaltung in folgenden Fällen nicht erreicht werden kann, da elektronische Geräte mit begrenztem Kurzschlussstrom installiert sind oder die geforderte Abschaltzeit durch eine Schutzeinrichtung nicht erreicht wird, sind folgende Vorkehrungen anwendbar:

Es muss die Ausgangsspannung der Stromquelle im Falle eines Isolationsfehlers gegen einen Schutzleiter oder Erde in der vorgegebenen Zeit auf AC 50 V oder DC 120 V oder weniger herabgesetzt werden.

4.11.5 Anhang ZA (normativ) – besondere nationale Bedingungen

Der normative Anhang ZA von DIN VDE 0100-410:2018-10 listet die besonderen nationalen Bedingungen der CEN/CENELEC-Länder auf.

Besondere nationale Bedingungen sind nationale Gegebenheiten oder nationale Praktiken, die auch nicht über einen längeren Zeitraum geändert werden können, z. B. klimatische Bedingungen, elektrische Erdungsbedingungen. Für Länder, in denen die entsprechenden nationalen Bedingungen anzuwenden sind, sind diese Maßnahmen normativ, für die anderen Länder informativ.

Die besonderen nationalen Bedingungen für Deutschland sind bereits im Normentext der DIN VDE 0100-410:2018-10 eingearbeitet und grau schattiert hinterlegt. Deshalb gibt es für Deutschland nur eine Anmerkung, die darauf hinweist. Es gibt zudem noch Besondere nationale Bedingungen für Italien, die Niederlande und Norwegen.

4.11.6 Anhang ZB (informativ) – A-Abweichungen

Der informative Anhang ZB der DIN VDE 0100-410:2018-10 listet die nationalen A-Abweichungen auf. A-Abweichungen sind nationale Abweichungen, die auf Vorschriften beruhen, deren Veränderung zum gegenwärtigen Zeitpunkt außerhalb der Kernkompetenz der CEN/CENELEC Mitglieds liegt). A-Abweichungen bestehen für Belgien, Frankreich, Finnland, Irland, Norwegen, Spanien, Schweden und der Schweiz.

4.12 Schutzarten für Abdeckungen und Umhüllungen

Der Anhang A.2 von DIN VDE 0100-410:2018-10 beschreibt die Schutzvorkehrungen für den Basisschutz durch Abdeckungen und Umhüllungen, die dafür bestimmt sind, das Berühren aktiver Teile zu verhindern. In den Anforderungen des normativen Anhangs wird gefordert, dass diese Abdeckungen und Umhüllungen verschiedenen Schutzarten entsprechen müssen. Was Schutzarten sind und wofür sie gebraucht werden, wird im Folgenden erläutert.

4.12.1 Schutzarten durch Gehäuse (IP-Code) nach DIN EN 60529 (VDE 0470-1):2014-09

In DIN VDE 0100-410:2018-10, Abschnitt 412.2.2 Umhüllungen wird auf isolierende Umhüllungen nach einer Schutzart von IPXXB oder IP2x hingewiesen. An dieser Stelle wird kurz erläutert, was der IP-Code bedeutet.

Im September 2014 wurde DIN EN 60529 (**VDE 0470-1**) mit dem Titel „Schutzarten durch Gehäuse (IP-Code)" veröffentlicht, die ein System zur Einteilung der Schutzarten durch Gehäuse von elektrischen Betriebsmitteln erstellt. Die möglichst weitgehende Übernahme dieses Einteilungssystems fördert die Einheitlichkeit der Beschreibung des Schutzes durch das Gehäuse und der Prüfungen zum Nachweis der verschiedenen Schutzarten. Sie sollte außerdem die Anzahl der erforderlichen Prüfeinrichtungen zur Prüfung eines weiten Bereichs von Produkten vermindern.

IP ist ein Bezeichnungssystem und steht für „International Protection". Diese Codierung wurde entwickelt, um die Schutzgrade durch ein Gehäuse zu klassifizieren. Der Umfang des Schutzes durch ein Gehäuse wird mittels genormter Prüfverfahren nachgewiesen. Der Umfang eines Schutzes wird im Folgenden als *Schutzart* oder *Schutzgrad* eines Gehäuses bezeichnet.

Mit den Festlegungen der Schutzarten durch Gehäuse von elektrischen Betriebsmitteln soll sichergestellt werden:

- Schutz von Personen gegen Zugang zu gefährlichen Teilen innerhalb des Gehäuses,
- Schutz des Betriebsmittels innerhalb des Gehäuses gegen Eindringen von festen Fremdkörpern,
- Schutz der Betriebsmittel innerhalb des Gehäuses gegen schädliche Einwirkungen durch das Eindringen von Wasser.

Zur Einteilung verschiedener Gehäuse bezüglich ihrer Schutzart wird ein Bezeichnungssystem verwendet. Das Bezeichnungssystem besteht aus den Code-Buchstaben „IP“ und zwei nachfolgenden Kennziffern (Bild 4.3).

Wahlweise können zusätzliche Buchstaben angehängt werden, die zum einen eine Aussage über den Schutz gegen den Zugang zu gefährlichen Teilen trifft (Buchstaben A bis D) und zum anderen einen speziellen Schutz für Betriebsmittel geben. Wenn eine Kennziffer nicht angegeben werden muss, ist sie durch den Buchstaben „X“ zu ersetzen. Die zusätzlichen Buchstaben dürfen, wenn sie nicht zutreffen, ersatzlos entfallen.

Die fakultative (wahlfreie) Kennzeichnung mit einem der zusätzlichen Buchstaben ist wie folgt:

A Handrücken,

B Finger,

C Werkzeug,

D Draht.

Bild 4.3 gibt einen Überblick der Anordnung und Bedeutung des IP-Codes.

4.12.1.1 Bedeutung der ersten Kennziffer – Schutzgrade gegen Zugang zu gefährlichen Teilen und gegen feste Fremdkörper

Die erste Kennziffer gibt an, inwieweit das Gehäuse Personen Schutz gegen den Zugang zu oder das Berühren von gefährlichen Teilen gewährt. Dieser Schutz wird erreicht, indem das Eindringen eines Körperteils oder eines Gegenstands, der von einer Person gehalten wird, in das Gehäuse verhindert oder begrenzt wird.

Gleichzeitig gewährt das Gehäuse dem Betriebsmittel Schutz gegen das Eindringen von festen Fremdkörpern. Dies ist der Grund dafür, dass es zu jeder ersten Kennziffer zwei Beschreibungen und zwei Bedeutungen gibt.

Tabelle 4.2 zeigt in Kurzform den Schutzgrad gegen den Zugang zu gefährlichen Teilen und den Schutz gegen feste Fremdkörper nach DIN EN 60529 (**VDE 0470-1**).

Anordnung und Bedeutung des IP-Codes	IP	1	2	C	S
Code-Buchstaben IP für die Kennzeichnung der Schutzart durch Gehäuse nach dem IP-Code	⇦				
Erste Kennziffer gleichzeitig für Schutz des Betriebsmittels gegen Eindringen von festen Fremdkörpern: 0 nicht geschützt 1 ≥ 50 mm Durchmesser 2 ≥ 12,5 mm Durchmesser 3 ≥ 2,5 mm Durchmesser 4 ≥ 1,0 mm Durchmesser 5 staubgeschützt 6 staubdicht X nicht angegeben Schutz von Personen gegen den Zugang zu gefährlichen Teilen: 0 nicht geschützt 1 Handrücken 2 Finger 3 Werkzeug 4 Draht 5 Draht 6 Draht X nicht angegeben		⇦			
Zweite Kennziffer Schutz des Betriebsmittels gegen Eindringen von Wasser mit schädlichen Wirkungen 0 nicht geschützt 1 senkrechtes Tropfen 2 Tropfen (15° Neigung) 3 Sprühwasser 4 Spritzwasser 5 Strahlwasser 6 starkes Strahlwasser 7 zeitweiliges Untertauchen 8 dauerndes Untertauchen X nicht angegeben			⇦		
Fakultativ (wahlfrei) Zusätzlicher Buchstabe Schutz von Personen gegen Zugang zu gefährlichen Teilen				⇦	
Fakultativ (wahlfrei) Ergänzender Buchstabe Ergänzende Information H Hochspannungsbetriebsmittel M Bewegung während Wasserprüfung S Stillstand während Wasserprüfung W Wetterbedingungen					⇦

Bild 4.3 Bezeichnungssystem entsprechend DIN EN 60529 (**VDE 0470-1**):2014-09

Erste Kennziffer	Schutzgrad	
	Kurzbeschreibung	Definition
0	nicht geschützt	–
1	geschützt gegen den Zugang zu gefährlichen Teilen mit dem Handrücken	Die Zugangssonde, Kugel 50 mm Durchmesser, muss ausreichenden Abstand von gefährlichen Teilen haben
	geschützt gegen feste Fremdkörper, 50 mm Durchmesser und größer	Die Objektsonde, Kugel 50 mm Durchmesser, darf nicht voll eindringen [a]
2	geschützt gegen den Zugang zu gefährlichen Teilen mit einem Finger	Der gegliederte Prüffinger, 12 mm Durchmesser, 80 mm Länge, muss ausreichend Abstand von gefährlichen Teilen haben
	geschützt gegen feste Fremdkörper, 12,5 mm Durchmesser und größer	Die Objektsonde, Kugel 12,5 mm Durchmesser, darf nicht voll eindringen [a]
3	geschützt gegen den Zugang zu gefährlichen Teilen mit einem Werkzeug	Die Zugangssonde, 2,5 mm Durchmesser, darf nicht eindringen
	geschützt gegen feste Fremdkörper, 2,5 mm Durchmesser und größer	Die Objektsonde, 2,5 mm Durchmesser, darf überhaupt nicht eindringen [a]
4	geschützt gegen den Zugang zu gefährlichen Teilen mit einem Draht	Die Zugangssonde, 1,0 mm Durchmesser, darf nicht eindringen
	geschützt gegen feste Fremdkörper 1,0 mm Durchmesser und größer	Die Objektsonde, 1,0 mm darf überhaupt nicht eindringen [a]
5	geschützt gegen den Zugang zu gefährlichen Teilen mit einem Draht	Die Zugangssonde, 1,0 mm Durchmesser, darf nicht eindringen
	staubgeschützt	Eindringen von Staub ist nicht vollständig verhindert, aber Staub darf nicht in einer solchen Menge eindringen, dass das zufriedenstellende Arbeiten des Geräts oder die Sicherheit beeinträchtigt wird
6	geschützt gegen den Zugang zu gefährlichen Teilen mit einem Draht	Die Zugangssonde, 1,0 mm Durchmesser, darf nicht eindringen
	staubdicht	kein Eindringen von Staub
[a] Der volle Durchmesser der Objektsonde darf nicht durch eine Öffnung des Gehäuses hindurchgehen.		

Tabelle 4.2 Schutzgrade gegen den Zugang zu gefährlichen Teilen und Schutz gegen feste Fremdkörper, bezeichnet durch die erste Kennziffer nach Tabelle 1 und Tabelle 2 von DIN EN 60529 (**VDE 0470-1**):2014-09

4.12.1.2 Bedeutung der zweiten Kennziffer – Schutzgrade gegen Wasser

Die zweite Kennziffer gibt die Schutzart durch Gehäuse im Hinblick auf schädliche Einflüsse auf die Betriebsmittel infolge Eindringens von Wasser an. **Tabelle 4.3** gibt Kurzbeschreibungen und Definitionen für die Schutzgrade, die durch die zweite Kennziffer dargestellt werden.

Zweite Kennziffer	Schutzgrad	
	Kurzbeschreibung	**Definition**
0	nicht geschützt	–
1	geschützt gegen Tropfwasser	senkrecht fallende Tropfen dürfen keine schädliche Wirkung haben
2	geschützt gegen Tropfwasser, wenn das Gehäuse bis zu 15° geneigt ist	senkrecht fallende Tropfen dürfen keine schädliche Wirkung haben, wenn das Gehäuse um einen Winkel bis zu 15° beiderseits der Senkrechten geneigt ist
3	geschützt gegen Sprühwasser	Wasser, das in einem Winkel bis zu 60° beiderseits der Senkrechten gesprüht wird, darf keine schädlichen Wirkungen haben
4	geschützt gegen Spritzwasser	Wasser, das aus jeder Richtung gegen das Gehäuse spritzt, darf keine schädlichen Wirkungen haben
5	geschützt gegen Strahlwasser	Wasser, das aus jeder Richtung als Strahl gegen das Gehäuse spritzt, darf keine schädlichen Wirkungen haben
6	geschützt gegen starkes Strahlwasser	Wasser, das aus jeder Richtung als starker Strahl gegen das Gehäuse spritzt, darf keine schädlichen Wirkungen haben
7	geschützt gegen die Wirkungen beim zeitweiligen Untertauchen in Wasser	Wasser darf nicht in einer Menge eintreten, die schädliche Wirkungen verursacht, wenn das Gehäuse unter genormten Druck- und Zeitbedingungen zeitweilig in Wasser getaucht wird
8	geschützt gegen die Wirkung beim dauernden Untertauchen in Wasser	Wasser darf nicht in einer Menge eintreten, die schädliche Wirkungen verursacht, wenn das Gehäuse dauernd unter Wasser getaucht ist unter Bedingungen, die zwischen Hersteller und Anwender vereinbart werden müssen. Die Bedingungen müssen jedoch schwieriger sein als für die Kennziffer 7

Tabelle 4.3 Schutzgrade gegen Wasser, bezeichnet durch die zweite Kennziffer nach Tabelle 3 von DIN EN 60529 (**VDE 0470-1**):2014-09

4.12.1.3 Bedeutung der zusätzlichen Buchstaben nach den Kennziffern

Der zusätzliche Buchstabe gibt den Schutzgrad für Personen gegen den Zugang zu gefährlichen Teilen an. Zusätzliche Buchstaben werden nur verwendet, wenn

- der tatsächliche Schutz gegen den Zugang zu gefährlichen Teilen höher ist als der durch die erste Kennziffer angegebene; oder
- nur der Schutz gegen den Zugang zu gefährlichen Teilen angegeben wird und die erste Kennziffer durch ein X ersetzt ist.

Die Großbuchstaben A bis D werden in **Tabelle 4.4** kurz beschrieben und definiert.

Zusätzlicher Buchstabe	Schutzgrad	
	Kurzbeschreibung	**Definition**
A	geschützt gegen den Zugang mit dem Handrücken	Die Zugangssonde, Kugel 50 mm Durchmesser, muss ausreichenden Abstand von gefährlichen Teilen haben.
B	geschützt durch den Zugang mit dem Finger	Der gegliederte Prüffinger, 12 mm Durchmesser, 80 mm Länge, muss ausreichenden Abstand von gefährlichen Teilen haben.
C	geschützt gegen den Zugang mit Werkzeug	Die Zugangssonde, 2,5 mm Durchmesser, 100 mm Länge, muss ausreichenden Abstand von gefährlichen Teilen haben.
D	geschützt gegen den Zugang mit Draht	Die Zugangssonde, 1,0 mm Durchmesser, 100 mm Länge, muss ausreichenden Abstand von gefährlichen Teilen haben.

Tabelle 4.4 Schutzgrade gegen den Zugang von gefährlichen Teilen, bezeichnet durch die zusätzlichen Buchstaben nach Tabelle 4 von DIN EN 60529 (**VDE 0470-1**):2014-09

4.12.1.4 Bedeutung der ergänzenden Buchstaben nach den Kennziffern

Die ergänzenden Buchstaben H, M, S und W hinter der zweiten Kennziffer oder dem zusätzlichen Buchstaben geben eine ergänzende Information zu den Schutzgraden. Die Buchstaben bedeuten:

H Hochspannungs-Betriebsmittel,

M geprüft auf schädliche Wirkungen durch den Eintritt von Wasser, wenn die beweglichen Teile des Betriebsmittels in Betrieb sind, z. B. der Rotor einer umlaufenden Maschine,

S geprüft auf schädliche Wirkungen durch den Eintritt von Wasser, wenn die beweglichen Teile des Betriebsmittels im Stillstand sind, z. B. der Rotor einer umlaufenden Maschine,

W geeignet zur Verwendung unter festgelegten Wetterbedingungen und ausgestattet mit zusätzlichen schützenden Maßnahmen oder Verfahren.

Andere Buchstaben dürfen in den Produktnormen nicht verwendet werden!

4.12.2 Bezeichnungsbeispiele mit dem IP-Code

Im Folgenden sind Beispiele für Betriebsmittel mit IP-Code aufgeführt.
Betriebsmittel mit dem IP-Code *IP12* haben:

- Berührungsschutz: Schutz gegen Berührung mit Handrücken,
- Fremdkörperschutz: Schutz gegen feste Fremdkörper mit 50 mm Durchmesser,
- Wasserschutz: Schutz gegen schräg (15°) tropfendes Wasser.

Betriebsmittel mit dem IP-Code *IPX4*:

- Berührungs- oder Fremdkörperschutz ist freigestellt,
- Wasserschutz: Schutz gegen Spritzwasser aus allen Richtungen.

Betriebsmittel mit dem IP-Code *IPX7*:

- Berührungs- oder Fremdkörperschutz ist freigestellt,
- Wasserschutz: Schutz gegen zeitweiliges Untertauchen in Wasser.

Betriebsmittel, die Schutz gegen Strahlwasser und Schutz gegen dauerndes Untertauchen in Wasser benötigen, haben den IP-Code IPX5 und IPX8, geschrieben als Doppelkennzeichnung IPX5/IPX8.
Betriebsmittel mit dem IP-Code *IP3XH* haben:

- Berührungsschutz: Schutz gegen Berührungen mit Werkzeugen,
- Fremdkörperschutz: Schutz gegen feste Fremdkörper 2,5 mm Durchmesser,
- Wasserschutz: ist freigestellt,
- Betriebsmittel für Hochspannung.

Betriebsmittel mit dem IP-Code *IP23CS* haben:

- Berührungsschutz: Schutz gegen Berührungen mit Fingern,
- Fremdkörperschutz: Schutz gegen feste Fremdkörper 12,5 mm Durchmesser,
- Wasserschutz: Schutz gegen Spritzwasser schräg bis 60°,
- Schutz vor Personen, die mit Werkzeugen mit einem Durchmesser von 2,5 mm und einer Länge von 100 mm umgehen,
- Schutz gegen schädliche Wirkungen durch das Eindringen von Wasser; geprüft, während alle Teile des Betriebsmittels im Stillstand sind.

Falls in Produktnormen nicht anders gefordert, müssen alle Betriebsmittel mit IP-Code einer Prüfung unterzogen werden.

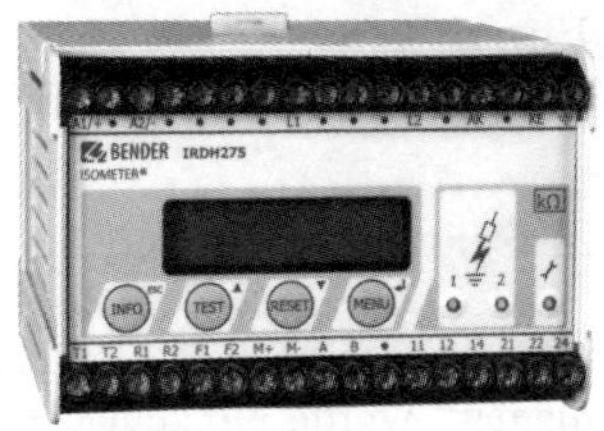

Bild 4.4 Beispiel eines Isolationsüberwachungsgeräts mit Schutzart IP30 (Einbauten) und IP20 (Klemmen)
Bild: Fa. Bender, Grünberg

Die Gehäuse der in diesem Buch beschriebenen Isolationsüberwachungsgeräte haben in der üblichen Industrieanwendung die Schutzart IP20 oder IP30 (**Bild 4.4**). Bei erster Kennziffer 2 liegt der Schutz gegen das Eindringen von Fremdkörpern mit einer Größe zwischen 12,5 mm und 2,5 mm, und Personen sind gegen den Zugang zu gefährlichen Teilen mit einem Finger geschützt. Bei erster Kennziffer 3 ist das Gehäuse gegen das Eindringen von festen Fremdkörpern größer als 2,5 mm geschützt und hat einen Schutz gegen den Zugang zu gefährlichen Teilen mittels eines Werkzeugs. Die zweite Kennziffer 0 weist darauf hin, dass es keinen Schutz gegen schädliche Wirkungen beim Eindringen von Wasser gibt.

Beispiel eines Geräts für erschwerte Bedingungen zeigt **Bild 4.5**. Dabei handelt es sich um ein Ankopplungsgerät, dessen Einbauten mit der Schutzart IP64 geschützt sind. Das bedeutet, das Gehäuse ist staubdicht und gegen Spritzwasser geschützt; der Zugang zu gefährlichen Teilen mit Draht wird verhindert.

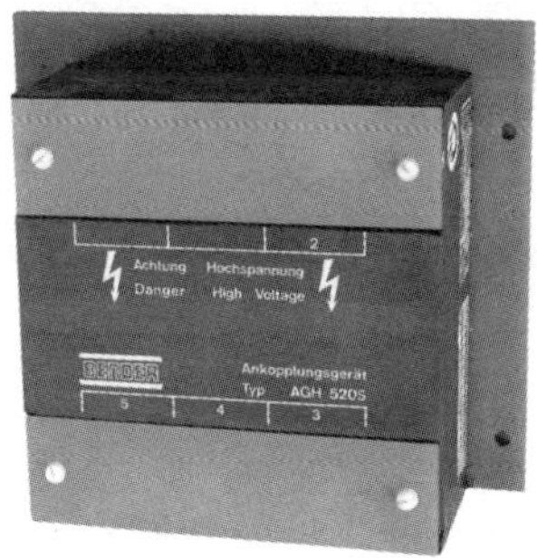

Bild 4.5 Beispiel eines Ankopplungsgeräts mit Schutzart IP64 und IP20 (Klemmen) für die Erweiterung der Nennspannung eines Isolationsüberwachungsgeräts
Bild: Fa. Bender, Grünberg

4.13 Geräte zum Prüfen der Schutzmaßnahmen gemäß DIN VDE 0100-410

Geräte zum Prüfen der in Kapitel 4 beschriebenen Schutzmaßnahmen der DIN VDE 0100-410 müssen in Deutschland schon seit vielen Jahren der Normenreihe DIN EN 61557 (**VDE 0413**) entsprechen. Diese Normenreihe für „Geräte zum Prüfen der Schutzmaßnahmen in elektrischen Anlagen" wurde als deutsche Normenreihe von dem UK 964.1 der DKE (Deutsche Kommission Elektrotechnik Elektronik Informationstechnik im DIN und VDE) erarbeitet.

Aufgrund des Beschlusses der CENELEC (Europäisches Komitee für elektrotechnische Normung) sollte nach Schriftstück BT(DE), Notification 78, eine neue Normenreihe für Geräte zum Prüfen von Schutzeinrichtungen erstellt werden. Diese Normenreihe wurde federführend von der DKE, UK 964.1, mit internationaler Beteiligung, erarbeitet. Die Beratungsergebnisse wurden dann in das TC 85 der IEC (International Electrotechnical Commission) eingebracht und dort in der Working Group 8 weiter bearbeitet. Im parallelen Abstimmungsverfahren wurde den Normentwürfen mit großer Mehrheit sowohl international bei IEC als auch von den CENELEC-Mitgliedsländern zugestimmt.

Die europäische Normenreihe EN 61557 hat den Status einer deutschen Norm und enthält die deutsche Übersetzung der internationalen Normenreihe IEC 61557.

Der Haupttitel der Normenreihe DIN EN 61557 (**VDE 0413**) lautet: „Elektrische Sicherheit in Niederspannungsnetzen bis AC 1 000 V und DC 1 500 V – Geräte zum Prüfen, Messen oder Überwachen von Schutzmaßnahmen". Die Teile dieser Normenreihe haben folgende Titel:

- DIN EN 61557-1 (**VDE 0413-1**):2007-12, Teil 1: Allgemeine Anforderungen
- DIN EN 61557-2 (**VDE 0413-2**):2008-02, Teil 2: Isolationswiderstand
- DIN EN 61557-3 (**VDE 0413-3**):2008-02, Teil 3: Schleifenwiderstand
- DIN EN 61557-4 (**VDE 0413-4**):2007-12, Teil 4: Widerstand von Erdungsleitern, Schutzleitern und Potentialausgleichsleitern
- DIN EN 61557-5 (**VDE 0413-5**):2007-12, Teil 5: Erdungswiderstand
- DIN EN 61557-6 (**VDE 0413-6**):2008-05, Teil 6: Wirksamkeit von Fehlerstromschutzeinrichtungen (RCD) in TT-, TN- und IT-Systemen
- DIN EN 61557-7 (**VDE 0413-7**):2008-02, Teil 7: Drehfeld
- DIN EN 61557-8 (**VDE 0413-8**):2015-12, Teil 8: Isolationsüberwachungsgeräte für IT-Systeme
- DIN EN 61557-9 (**VDE 0413-9**):2015-10, Teil 9: Einrichtungen zur Isolationsfehlersuche in IT-Systemen
- DIN EN 61557-10 (**VDE 0413-10**):2014-03, Teil 10: Kombinierte Messgeräte

- DIN EN 61557-11 (**VDE 0413-11**):2009-11, Teil 11: Wirksamkeit von Differenzstromüberwachungsgeräten (RCMs) Typ A und Typ B in TT-, TN- und IT-Systemen
- DIN EN 61557-12 (**VDE 0413-12**):2008-12, Teil 12: Kombinierte Geräte zur Messung und Überwachung des Betriebsverhaltens
- DIN EN 61557-13 (**VDE 0413-13**):2012-04, Teil 13: Handgehaltene und handbediente Strommesszangen und Stromsonden zur Messung von Ableitströmen in elektrischen Anlagen
- DIN EN 61557-14 (**VDE 0413-14**):2014-02, Teil 14: Geräte zum Prüfen der Sicherheit in elektrischen Ausrüstung von Maschinen
- DIN EN 61557-15 (**VDE 0413-15**):2014-10, Teil 15: Anforderungen zur Funktionalen Sicherheit von Isolationsüberwachungsgeräten in IT-Systemen und von Einrichtungen zur Isolationsfehlersuche in IT-Systemen
- DIN EN 61557-16 (**VDE 0413-16**):2015-12, Teil 16: Geräte zur Prüfung der Wirksamkeit der Schutzmaßnahmen von elektrischen Geräten und/oder medizinisch elektrischen Geräten

In der Einleitung von DIN EN 61557-1 (**VDE 0413-1**) werden Hinweise auf die Notwendigkeit der Entwicklung dieser Normenreihe gegeben:

IEC 60364-6:2006 legt einheitliche Voraussetzungen für die Erstprüfung von Starkstromanlagen in TN-, TT- oder IT-Systeme für die ständige Überwachung und zum Prüfen dieser Anlagen nach Änderungen fest. Die IEC 60364-6 enthält neben allgemeinen Hinweisen für die Durchführung der Prüfungen eine Reihe von Anforderungen, die durch Messungen zu überprüfen sind. Nur in wenigen Fällen, z. B. bei der Messung des Isolationswiderstands, enthält die Norm einige konkrete Angaben bezüglich der Eigenschaften des zu verwendenden Messgeräts. In der IEC 60364-6 beispielhaft dargestellte Messschaltungen, auf die im Text verwiesen wird, sind für den praktischen Gebrauch meist ungeeignet.

Dabei werden Prüfungen in Anlagen mit gefährlichen Spannungen durchgeführt, in denen es durch unvorsichtiges Hantieren oder durch einen Defekt in der Anlage sehr leicht zu einem Unfall kommen kann. Der Prüfer ist deswegen auf Messgeräte angewiesen, die ihm neben der Vereinfachung der Messungen auch ein sicheres Messen gewährleisten.

Für Messgeräte zum Prüfen der Schutzmaßnahmen reicht daher die Anwendung der üblichen Sicherheitsvorschriften für elektrische und elektronische Messgeräte (IEC 61010-2) nicht aus. Bei Messungen in Anlagen können nicht nur Gefahren für den Prüfer selbst, sondern auch je nach Messmethode Gefahren für unbeteiligte Dritte auftreten.

Ebenfalls sind für eine objektive Beurteilung einer Anlage, z. B. bei Übergabe einer Anlage, bei Wiederholungsprüfungen, für die ständige Isolationsüberwachung oder bei Gewährleistungsfällen, zuverlässige und vergleichbare Mess-Ergebnisse mit Messgeräten verschiedener Hersteller eine wichtige Voraussetzung.

Ziel der vorliegenden Norm dieser Normenreihe ist es, gemeinsame Grundsätze für Mess- und Überwachungseinrichtungen zum Prüfen der elektrischen Sicherheit in Netzen mit Nennspannungen bis AC 1 000 V und DC 1 500 V festzulegen, die den oben angeführten Gesichtspunkten entsprechen.

Dazu dient eine Reihe gemeinsamer Festlegungen im Teil 1 bzw. zu den einzelnen Teilen dieser Normenreihe. Dies sind insbesondere:

- *Fremdspannungsfestigkeit,*
- *Schutzklasse II (außer Isolationsüberwachungsgeräte [und Einrichtungen zur Isolationsfehlersuche – Anmerkung Autor]),*
- *Vorgaben und Vorkehrungen gegen Gefahren durch gefährliche Berührungsspannungen am Messobjekt,*
- *Vorgaben zur Beurteilung von Anschlusskonfigurationen bzw. Schaltungsfehlern in der geprüften Anlage,*
- *spezielle mechanische Anforderungen,*
- *Messverfahren,*
- *Messgrößen,*
- *Vorgabe der maximalen Betriebsmessunsicherheit,*
- *Vorgaben für die Prüfungen der Einflusseffekte und Berechnung der Betriebsmessunsicherheit,*
- *Berücksichtigung der Betriebsmessunsicherheit des Messgeräts bei den von der Errichtungsvorschrift vorgegebenen Grenzwerten,*
- *Vorgabe der Arten der Typ- und Stückprüfungen und der dazu erforderlichen Prüfbedingungen.*

Um Gefahren beim Messen zu vermeiden und Messergebnisse mit hinreichender Genauigkeit zu erzielen, ist die Anwendung normgerechter Messgeräte für die unterschiedlichen Messaufgaben gefordert.

5 Gefährdung des Menschen durch Körperströme

Der Umgang mit elektrischen Anlagen und Geräten birgt für den Menschen zwei grundsätzliche Gefahren:

- die unmittelbare Einwirkung elektrischer Energie auf den Menschen beim Stromfluss durch seinen Körper,
- die mittelbare Einwirkung durch Schadensereignisse, die durch elektrische Energie ausgelöst werden, z. B. Brand oder Schaltvorgänge.

Beim Stromfluss durch den menschlichen Körper ist der elektrische Strom selbst der Gefahrenträger, der bei Durchgang durch den menschlichen Körper dessen Funktion negativ beeinflusst (Herzkammerflimmern, Muskellähmung) oder die Körpersubstanz verändert (Koagulationen, Verbrennungen).

Dieser Umstand grenzt die Gefährdung aufgrund elektrischer Körperdurchströmungen eindeutig von den übrigen Gefährdungen durch elektrische Energie ab. Wirkt bei der Körperdurchströmung der elektrische Strom unmittelbar auf den menschlichen Körper ein, so tritt bei Brandverletzungen, Lichtbogenverbrennungen und Verblitzungen die elektrische Energie lediglich mittelbar als Ursache in Erscheinung; die auf den Menschen schädigend einwirkenden Energieformen sind z. B. Wärme und Strahlung. Gleichzeitig tritt meist eine hohe Gefährdung von Sachwerten auf, z. B. durch Lichtbögen ausgelöste Brände. Lässt man die auslösende Ursache außer Betracht, so ist eine derartige Gefährdung auch in anderen technischen Anlagen gegeben, während die Gefährdung durch Körperdurchströmung eine für den Umgang mit elektrischen Anlagen spezifische Gefährdungsart darstellt.

Eine Körperdurchströmung kann dabei aus zwei verschiedenen Gründen auftreten:

- durch direktes Berühren von im Normalbetrieb unter Spannung stehenden (aktiven) Teilen elektrischer Betriebsmittel; dies setzt die Überwindung der normalerweise zwischen Mensch und aktivem Teil befindlichen Hindernisse voraus, wie Abdeckungen, Umhüllungen, Abstände oder Hindernisse;
- durch indirektes Berühren, d. h. Berühren von im Normalbetrieb spannungsfreien Teilen elektrischer Betriebsmittel, die jedoch im Fehlerfall Spannung annehmen können; die Berührung dieser Teile, der sogenannten Körper, erfolgt beim Umgang mit elektrischem Betriebs- und Verbrauchsmittel fast zwangsläufig.

Liegt eine dieser Berührungsarten vor, so hängt die Höhe der Gefährdung von zwei Größen ab:

- von der Höhe der vom Menschen überbrückten Spannung und von den verschiedenen Widerständen des menschlichen Körpers, die in ihrer Summe die Größe des Stroms bestimmen,
- von der Einwirkdauer des Stroms auf den menschlichen Organismus.

5.1 Wirkung des elektrischen Stroms auf Menschen und Nutztiere nach DIN IEC/TS 60479-1 (VDE V 0140-479-1):2007-05

In den späten 1960er-Jahren begann eine Arbeitsgruppe der IEC mit den Arbeiten an einem IEC-Report über die Wirkung des elektrischen Stroms auf den Menschen.

Die Ergebnisse wurden mit dem IEC-Report 479 im Jahr 1974 erstmalig vorgestellt. Doch die praktische Anwendung dieses Reports zeigte verschiedene Schwierigkeiten. Dabei waren die Angaben über den Körperwiderstand so lückenhaft, dass neue Forschungen unumgänglich waren. Es war überhaupt nicht bekannt, welche Werte der Körperwiderstand lebender Menschen bei höheren Spannungen annimmt, denn Messungen an Leichen erlaubten vergleichsweise nur grobe Schätzungen in Bezug auf den lebenden Organismus. Deshalb wurden von Prof. *Biegelmeier* (2007 verstorben) in Österreich schon 1976 Messungen am eigenen Körper durchgeführt, und zwar mit Berührungsspannungen bis zu 200 V [5.1]. Weitere Versuche und Messungen haben den Grundstein zur experimentellen Elektropathologie gelegt und den Anstoß zur Revision des IEC-Reports 479 gegeben.

Die Revision des IEC-Reports 479 wurde 1984 abgeschlossen. Aber selbst die zweite Auflage dieses wichtigen Berichts hatte noch viele Lücken, sie bildet aber eine solide und wissenschaftlich fundierte Grundlage für weitere Arbeiten. Spätere Forschungsergebnisse über andere Gefahrenparameter, insbesondere von Wellenform und Stromfrequenz, und der Körperimpedanz des menschlichen Körpers führten zu weiteren Erkenntnissen. Danach wurde eine dritte Auflage notwendig, die 1994 veröffentlicht wurde. Diese kann betrachtet werden als logischer Ausbau und Entwicklung des technischen Reports IEC 479, ein Konzept, das mittlerweile aus mehreren Teilen besteht. Veröffentlicht wurden diese Teile in Deutschland bisher

DIN-Norm	**Normtitel**	**Klassifikation**	**Kapiteltitel**	**Ausgabedatum**
DIN IEC/TS 60479-1	Wirkung des elektrischen Stroms auf Menschen und Nutztiere	**VDE V 0140-479-1**	Teil 1: Allgemeine Aspekte	2007-05
DIN VDE V 0140-479-3	Wirkung des elektrischen Stroms auf Menschen und Nutztiere	**VDE 0140-479-3**	Teil 3: Wirkungen von Strömen durch den Körper von Nutztieren	2001-04
DIN VDE V 0140-479-4	Wirkung des elektrischen Stroms auf Menschen und Nutztiere	**VDE 0140-479-4**	Teil 4: Wirkungen von Blitzschlägen auf Menschen und Nutztiere	2005-10

Tabelle 5.1 Normenreihe DIN IEC 60479 (**VDE 0140-479**):2007-05

als Vornormenreihe DIN IEC/TS 60479 (**VDE V 0140-479**) mit unterschiedlichem Veröffentlichungsdatum (**Tabelle 5.1**). Es muss nicht extra erwähnt werden, dass diese Normenreihe auf internationaler, europäischer und nationaler Ebene immer noch ständigen Veränderungen unterliegt.

5.1.1 Anwendungsbereich

Der Anwendungsbereich von DIN IEC/TS 60479-1 (**VDE 0140-479-1**):2007-05 lautet:

„Für einen gegebenen Stromweg durch den menschlichen Körper hängt die Gefahr für Personen hauptsächlich von der Größe und Dauer des Stromflusses ab. Jedoch sind die Zeit-Stromstärke-Bereiche, die in den folgenden Abschnitten festgelegt sind, in der Praxis in vielen Fällen nicht direkt zur Bemessung des Schutzes gegen elektrischen Schlag anwendbar. Das notwendige Kriterium ist die zulässige Grenze der Berührungsspannung (d. h. das Produkt aus dem Wert des Stroms durch den Körper, dem sogenannten Berührungsstrom und der Körperimpedanz) als Funktion der Zeit. Die Beziehung zwischen Strom und Spannung ist nicht linear, weil sich die Impedanz des menschlichen Körpers mit der Berührungsspannung ändert und daher Angaben über diese Beziehung erforderlich sind. Die verschiedenen Teile des menschlichen Körpers – wie Haut, Blut, Muskeln, Gelenke und andere Gewebe bieten dem elektrischen Strom eine gewisse Impedanz, bestehend aus ohmschen und kapazitiven Komponenten.

Die Werte dieser Impedanzen hängen von einer Anzahl von Einflüssen ab, insbesondere vom Stromweg, der Berührungsspannung, der Dauer des Stromflusses, der Frequenz, dem Grad der Feuchte der Haut, der Größe der Berührungsfläche, dem ausgeübten Druck und der Temperatur.

Die in dieser technischen Spezifikation angegebenen Impedanzwerte ergeben sich aus einer gründlichen Überprüfung der verfügbaren experimentellen Ergebnisse von Messungen an Leichen und an einigen Personen.

Das Wissen über die Wirkungen von Wechselströmen stützt sich in erster Linie auf die Erkenntnisse hinsichtlich der Wirkungen des Stroms bei den in elektrischen Anlagen gebräuchlichsten Frequenzen von 50 Hz oder 60 Hz. Die genannten Werte werden jedoch auch für einen Frequenzbereich von 15 Hz bis 100 Hz als anwendbar betrachtet, weil Schwellenwerte in diesem Bereich höher sind als die im Bereich 50 Hz oder 60 Hz. Es wird dabei grundsätzlich die Gefahr des Herzkammerflimmerns als Hauptgrund für tödliche Unfälle betrachtet.

Unfälle mit Gleichstrom sind wesentlich weniger häufig, als von der Anzahl der Gleichstromanwendungen her zu erwarten ist, und tödliche Unfälle ereignen sich nur unter sehr ungünstigen Umständen, z. B. in Bergwerken. Das ist zum Teil dadurch verursacht, dass bei Gleichstrom das Loslassen der umfassten Teile weniger schwierig ist und dass für Zeiten eines elektrischen Schlags länger als ein Herzzyklus die Schwelle des Herzkammerflimmerns beträchtlich höher ist als bei Wechselstrom."

5.1.2 Begriffe

- Körperinnenimpedanz Z_i
  Impedanz zwischen zwei Elektroden in Berührung mit zwei Teilen des menschlichen Körpers bei Vernachlässigung der Hautimpedanz.
- Hautimpedanz Z_s
  Impedanz zwischen einer auf der Haut aufliegenden Elektrode und dem darunterliegenden leitfähigen Gewebe.
- Gesamtkörperimpedanz Z_T
  vektorielle Summe der Körperinnenimpedanz und der Hautimpedanzen (siehe **Bild 5.1**).
- Gesamtkörperwiderstand R_T (Wirkung bei Gleichstrom)
  Summe des Körperinnenwiderstands und der Hautwiderstände.

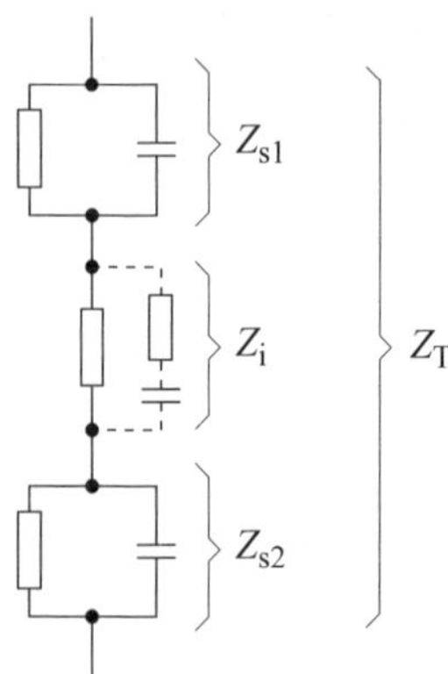

Bild 5.1 Impedanzen des menschlichen Körpers nach DIN IEC/TS 60479-1 (**VDE 0140-479-1**):2007-05, Bild 1

5.1.3 Elektrische Impedanz des menschlichen Körpers

Die Werte der Körperimpedanz nach DIN IEC/TS 60479-1 (**VDE 0140-479-1**):2007-05 hängen von zahlreichen Faktoren ab und insbesondere vom Stromweg, der Berührungsspannung, der Durchströmungsdauer, der Frequenz, dem Feuchtigkeitszustand der Haut, der Größe der Berührungsfläche, dem ausgeübten Druck und der Temperatur.

Eine Prinzipschaltung für die Impedanz des menschlichen Körpers wird in Bild 5.1 gezeigt. Die elektrischen Impedanzen des menschlichen Körpers bestehen aus:

- Körperinnenimpedanz,
- Hautimpedanz,
- Gesamtkörperimpedanz.

Im Moment des Auftretens der Berührungsspannung sind die Kapazitäten des menschlichen Körpers nicht geladen. Daher sind die Hauptimpedanzen Z_{s1} und Z_{s2} vernachlässigbar, sodass der Anfangswiderstand R_0 etwa der Körperinnenimpedanz Z_i gleich ist, wie Bild 5.1 verdeutlicht.

5.1.4 Sinusförmiger Wechselstrom mit 50 Hz/60 Hz bei großen Berührungsflächen

Die Werte der **Tabelle 5.2** gelten für lebende Menschen und den Stromweg von Hand zu Hand für große Berührungsflächen (Größenordnung 10 000 mm^2) im trockenen

Berührungsspannung in V	Werte der Gesamtkörperimpedanz Z_T in Ω, die nicht überschritten werden von		
	5 % der Bevölkerung	50 % der Bevölkerung	95 % der Bevölkerung
25	1 750	3 250	6 100
50	1 375	2 500	4 600
75	1 125	2 000	3 600
100	990	1 725	3 125
125	900	1 550	2 675
150	850	1 400	2 350
175	825	1 325	2 175
200	800	1 275	2 050
225	775	1 225	1 900
400	700	950	1 275
500	625	850	1 150
700	575	775	1 050
1 000	575	775	1 050
asymptotischer Wert	575	775	1 050

Anmerkung 1: Einige Messwerte lassen erkennen, dass die Gesamtkörperimpedanz für den Stromweg von einer Hand zu einem Fuß etwas niedriger liegt als für den Stromweg von Hand zu Hand (10 % bis 30 %).

Anmerkung 2: Für Personen entsprechen die Z_T-Werte einer Durchströmungsdauer von etwa 0,1 s. Für längere Durchströmungsdauern können sich die Z_T-Werte etwas verringern (etwa 10 % bis 20 %), und nach dem vollkommenen Hautdurchbruch nähert sich Z_T der Körperinnenimpedanz Z_i.

Anmerkung 3: Für die Nennspannung 230 V (Netzsystem 3N – 230/240 V) wird angenommen, dass die Gesamtkörperimpedanzen die gleichen sind wie für eine Berührungsspannung von 225 V.

Anmerkung 4: Die Werte von Z_T sind auf 25 Ω gerundet.

Tabelle 5.2 Gesamtkörperimpedanzen bei einem Stromweg von Hand zu Hand für Wechselstrom mit 50 Hz/60 Hz und große Berührungsflächen im trockenen Zustand (nach DIN IEC/TS 60479-1 (**VDE 0140-479-1**):2007-05, Tabelle 1)

Zustand. Die Werte der Tabelle 5.2 zeigen den Wissensstand hinsichtlich der Gesamtkörperimpedanzen Z_T für erwachsene Personen. Entsprechend dem gegenwärtigen Wissensstand werden die Gesamtkörperimpedanzen Z_T von Kindern etwas höher, aber in der gleichen Größenordnung angenommen.

Die Werte für die Körperinnenimpedanzen und den Anfangswiderstand des Körpers hängen nur wenig von der Größe der Berührungsflächen ab. Nur wenn die Berührungsfläche sehr klein ist – in der Größenordnung von wenigen Quadratmillimetern – vergrößern sich die Werte.

5.1.5 Wirkungen von sinusförmigen Wechselströmen im Bereich von 15 Hz bis 100 Hz

Im Abschnitt 5 von DIN IEC/TS 60479-1 (**VDE V 0140-479-1**):2007-05 werden die Wirkungen von sinusförmigem Wechselstrom, der durch den menschlichen Körper fließt, für den Frequenzbereich zwischen 15 Hz und 100 Hz beschrieben. Beispiele von Berührungsströmen mit ihren Wirkungen werden in **Bild 5.2** gezeigt. Dabei werden die Wirkungen als Schwellen beschrieben:

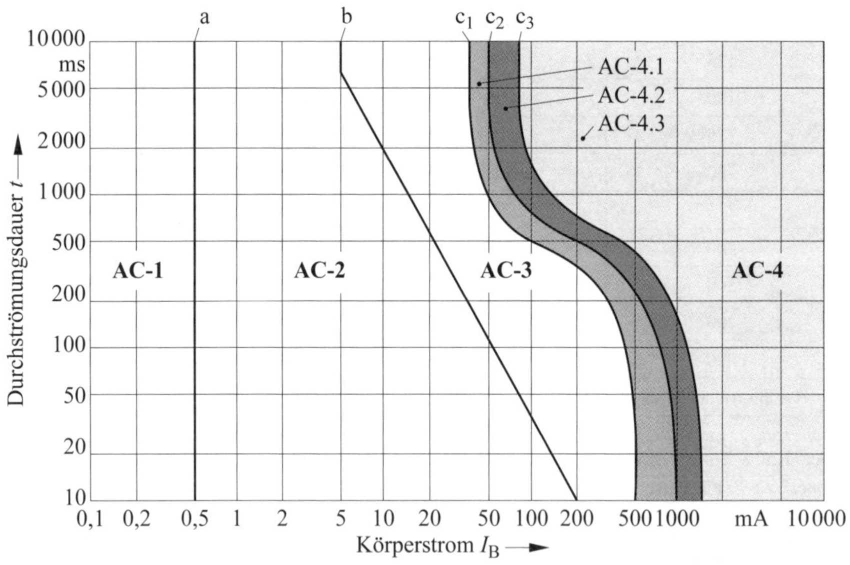

Bild 5.2 Konventionelle Zeit-Stromstärke-Bereiche mit Wirkungen von Wechselströmen (15 Hz bis 100 Hz) auf Personen bei einem Stromweg von der linken Hand zu den Füßen (nach DIN IEC/TS 60479-1 (**VDE 0140-479-1**):2007-05, Bild 20)

- Wahrnehmbarkeitsschwelle
- Reaktionsschwelle
  Unabhängig von der Zeitdauer der Einwirkung wird ein Wert von 0,5 mA als Reaktionsschwelle angenommen, wenn eine leitfähige Fläche berührt wird.
- Immobilisierungsschwelle (Muskelverkrampfung)
  Die Werte der Stromstärke, die Immobilisierung verursacht, hängen vom betroffenen Muskelvolumen ab, von der Art der Nerven oder von den Teilen des Gehirns, in denen die Reizung erfolgt.
- Loslassschwelle
  Ein Wert von etwa 10 mA wird für männliche Erwachsene angenommen bzw. ein Wert von etwa 5 mA wird als gültig für die Gesamtpopulation angesehen.
- Schwelle des Herzkammerflimmerns
  Die Schwelle des Herzkammerflimmerns hängt sowohl von physiologischen Einflüssen (Aufbau des Körpers, Zustand der Herzfunktion usw.) als auch von elektrischen Einflüssen (Durchströmungsdauer und Stromweg, Stromparameter usw.) ab. Eine Beschreibung der Herzaktivität wird in **Bild 5.3** und **Bild 5.4** gegeben.

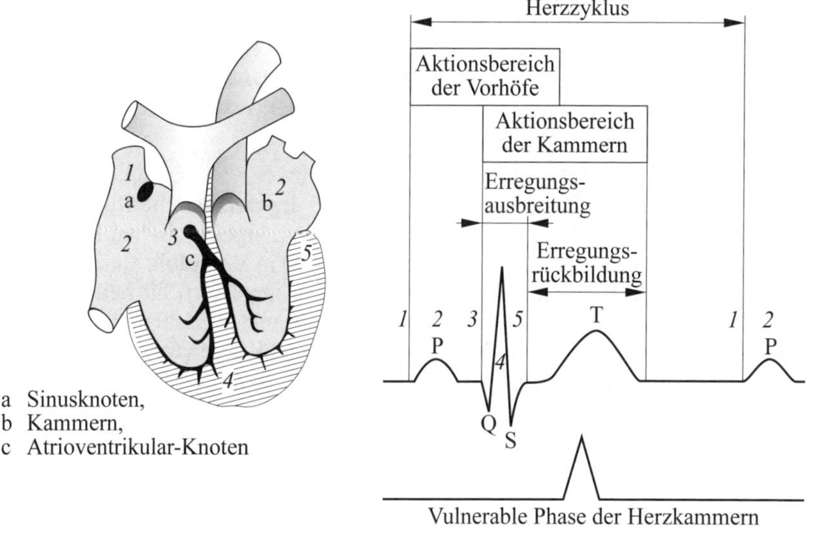

Bild 5.3 Auftreten der vulnerablen Phase der Herzkammern während eines Herzzyklus (nach DIN IEC/TS 60479-1 (**VDE 0140-479-1**):2007-05, Bild 17) – Anmerkung: Die Zahlen bezeichnen die aufeinanderfolgenden Abschnitte der Erregungsausbreitung

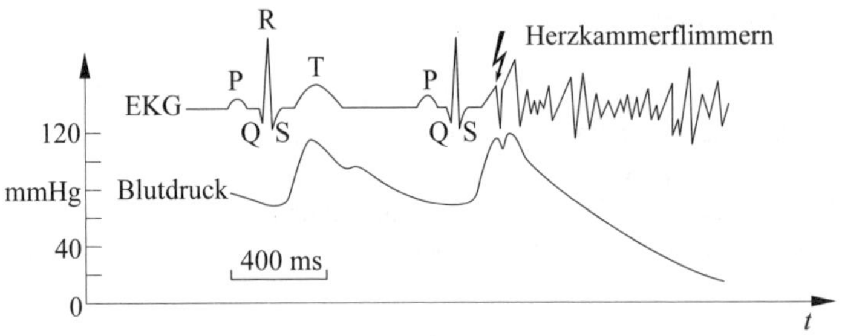

Bild 5.4 Auslösen von Herzkammerflimmern in der vulnerablen Phase – Auswirkungen im Elektrokardiogramm (EKG) und beim Blutdruck
(nach DIN IEC/TS 60479-1 (**VDE 0140-479-1**):2007-05, Bild 18)

Bei sinusförmigem Wechselstrom (50 Hz oder 60 Hz) tritt eine erhebliche Abnahme der Schwelle des Herzkammerflimmerns auf, wenn der Stromfluss über einen Herzzyklus hinaus verlängert ist. Diese Wirkung resultiert aus der Zunahme von Inhomogenitäten im erregbaren Zustand des Herzens wegen der durch den Stromfluss hervorgerufenen Extrasystolen.

Für Durchströmungsdauern unter 0,1 s und für Ströme über 500 mA kann Herzkammerflimmern vielleicht und bei Strömen in der Größenordnung von einigen Ampere wahrscheinlich auftreten, wenn die Durchströmung in die vulnerable Phase fällt. Bei solchen Stromstärken und Zeiten von länger als einem Herzzyklus kann ein reversibler Herzstillstand verursacht werden.

Durch Übertragung der Ergebnisse der Tierversuche auf Personen wurde eine empirische Kurve c_1 (siehe Bild 5.2) für einen Stromweg von der linken Hand zu beiden Füßen als konventionell aufgestellt, unterhalb der Herzkammerflimmern unwahrscheinlich ist. Der hohe Wert für kurze Durchströmungen zwischen 10 ms und 100 ms wurde als abfallende Linie von 500 mA zu 400 mA gewählt. Basierend auf Erkenntnissen über elektrische Unfälle wurde der niedrigere Wert für Zeiten größer als 1 s als abfallende Linie von 50 mA und bei 1 s zu 40 mA für Zeiten größer als 3 s gewählt. Beide Werte wurden durch eine geschwungene Kurve verbunden.

Nach statistischer Auswertung der Tierversuche wurden die Kurven c_2 und c_3 (siehe Bild 5.2) aufgestellt, die entsprechend eine Wahrscheinlichkeit von 5 % und 50 % für Herzkammerflimmern angeben. Die Kurven c_1, c_2 und c_3 gelten für einen Stromweg von der linken Hand zu beiden Füßen.

Anmerkung: Die Zahlen bezeichnen die aufeinanderfolgenden Abschnitte der Erregungsausbreitung.

Tabelle 5.3 liefert eine Beschreibung der Zeit-Stromstärke-Bereiche von Bild 5.2 als Zusammenfassung.

Bereiche	Bereichsgrenzen	Physiologische Wirkungen
AC-1	bis zu 0,5 mA Grenzlinie a	Wahrnehmung möglich, aber im Allgemeinen keine Schreckreaktion
AC-2	über 0,5 mA bis Grenzlinie b	Wahrnehmung und unwillkürliche Muskelkontraktionen wahrscheinlich, aber im Allgemeinen keine schädlichen physiologischen Wirkungen
AC-3	Grenzlinie b bis Grenzlinie c_1	Starke, unwillkürliche Muskelkontraktionen, Schwierigkeiten beim Atmen. Reversible Störungen der Herzfunktion, Immobilisierung (Muskelverkrampfung) können auftreten. Wirkungen zunehmend mit Stromstärke und Durchströmungsdauer. Im Allgemeinen ist kein organischer Schaden zu erwarten
AC-41	über der Grenzlinie c_1	Es können pathophysiologische Wirkungen auftreten wie Herzstillstand, Atemstillstand und Verbrennungen oder andere Zellschäden. Wahrscheinlichkeit von Herzkammerflimmern ansteigend mit Stromstärke und Durchströmungsdauer
	$c_1 - c_2$	AC-4.1 Wahrscheinlichkeit von Herzkammerflimmern ansteigend bis etwa 5 %
	$c_2 - c_3$	AC-4.2 Wahrscheinlichkeit von Herzkammerflimmern ansteigend bis etwa 50 %
	über der Grenzlinie c_3	AC-4.3 Wahrscheinlichkeit von Herzkammerflimmern ansteigend über 50 %
Bei Durchströmungsdauern unter 200 ms tritt Herzkammerflimmern nur auf, wenn die entsprechenden Schwellenwerte in der vulnerablen Periode überschritten werden. Hinsichtlich des Herzkammerflimmerns bezieht sich Bild 5.2 auf die Wirkungen des Stroms beim Stromweg von der linken Hand zu den Füßen. Bei anderen Stromwegen muss der Herzstromfaktor berücksichtigt werden.		

Tabelle 5.3 Zeit-Stromstärke-Bereiche für Wechselstrom von 50 Hz bis 100 Hz, für den Stromweg von einer Hand zu beiden Füßen – Zusammenfassung der Bereiche von Bild 5.2 (nach DIN IEC/TS 60479-1 (**VDE 0140-479-1**):2007-05, Tabelle 11)

5.1.6 Wirkungen von Gleichstrom

Dieser Abschnitt beschreibt die Auswirkungen von Gleichstrom, der durch den menschlichen Körper fließt. Der Ausdruck „Gleichstrom" bedeutet einen geglätteten Gleichstrom. Im Hinblick auf die Flimmerwirkungen werden die in diesem Abschnitt angegebenen Werte als sichere Werte für Gleichströme mit einer sinusförmigen Welligkeit von nicht mehr als 10 % des Effektivwerts angesehen.

Wahrnehmbarkeitsschwelle und Reaktionsschwelle

Die Schwellen hängen von mehreren Parametern ab, wie der Berührungsfläche, den Berührungsbedingungen (Trockenheit, Feuchte, Druck, Temperatur), der Durchströmungsdauer und den physiologischen Eigenschaften der Person. Im Gegensatz zu Wechselstrom werden nur der Beginn und die Unterbrechung des Stromflusses empfunden und keine andere Wahrnehmung bemerkt, während der Strom in der

Höhe der Wahrnehmbarkeitsschwelle fließt. Unter Bedingungen, die jenen bei den Studien für Wechselstrom vergleichbar waren, wurde eine Reaktionsschwelle von etwa 2 mA gefunden.

Schwelle der Immobilisierung und Loslassschwelle

Im Gegensatz zu Wechselstrom gibt es bei Gleichstrom keine festlegbare Immobilisierungs- oder Loslassschwelle. Nur der Beginn und die Unterbrechung des Stromflusses führen zu schmerzhaften und krampfartigen Muskelkontraktionen.

Schwelle des Herzkammerflimmerns

Wie für Wechselstrom beschrieben, hängt die Schwelle des Herzkammerflimmerns, ausgelöst durch Gleichstrom, sowohl von physiologischen als auch von elektrischen Parametern ab.

Erkenntnisse aus Elektrounfällen lassen den Schluss zu, dass die Gefahr von Herzkammerflimmern im Allgemeinen vor allem bei Längsdurchströmung besteht. Für Querdurchströmung haben Versuche an Tieren jedoch gezeigt, dass bei höheren Stromstärken auch Herzkammerflimmern auftreten kann.

Sowohl Versuche an Tieren als auch von elektrischen Unfällen abgeleitete Erkenntnisse zeigen, dass die Schwelle des Herzkammerflimmerns bei einem fallenden Strom etwa zwei Mal so hoch ist wie bei einem aufsteigenden Strom.

Für Durchströmungsdauer länger als ein Herzzyklus ist die Schwelle des Herzkammerflimmerns für Gleichstrom mehrfach höher als bei Wechselstrom. Bei Durchströmungszeiten kürzer als 200 ms ist die Schwelle des Herzkammerflimmerns annähernd gleich hoch wie für Wechselstrom, gemessen in Effektivwerten.

Die Grenzlinien, die aus Tierversuchen abgeleitet worden sind, gelten für Längsdurchströmungen bei aufsteigendem Strom (Füße positiv). Die Grenzlinien c_2 und c_3 in **Bild 5.5** zeigen die berechneten Wertepaare für Stromstärke und Durchströmungsdauer, für die die Wahrscheinlichkeit von Herzkammerflimmern bei den Tierversuchen bei Längsdurchströmung (z. B. linkes Vorderbein zu beiden Hinterbeinen) etwa 5 % und 50 % betragen hat. Die Grenzlinie c_1 zeigt Stromstärke und Durchströmungsdauer, bei deren Unterschreitung die Wahrscheinlichkeit des Auftretens von Herzkammerflimmern sehr gering ist, wobei wieder Längsdurchströmung wie bei den Tierversuchen vorausgesetzt wird.

Weitere Studien zeigen, dass die Flimmerschwelle für Menschen bei jeder Einwirkungsdauer in Bezug auf die Stromstärke höher liegt als bei den Tierversuchen. Zum Beispiel könnte die Flimmerschwelle eines gesunden Menschen für den Stromweg von der linken Hand zu den Füßen für lange Durchströmungsdauer in der Größenordnung von 200 mA liegen. Aber nicht alle Menschenherzen sind gesund, und gewisse Krankheiten können die Flimmerschwelle beeinflussen. Bei einigen Personen mit geschädigtem Herzen liegt die Flimmerschwelle unter den Normalwerten, aber die Größe der Absenkung ist nicht genau bekannt. Deshalb wird empfohlen, dass die

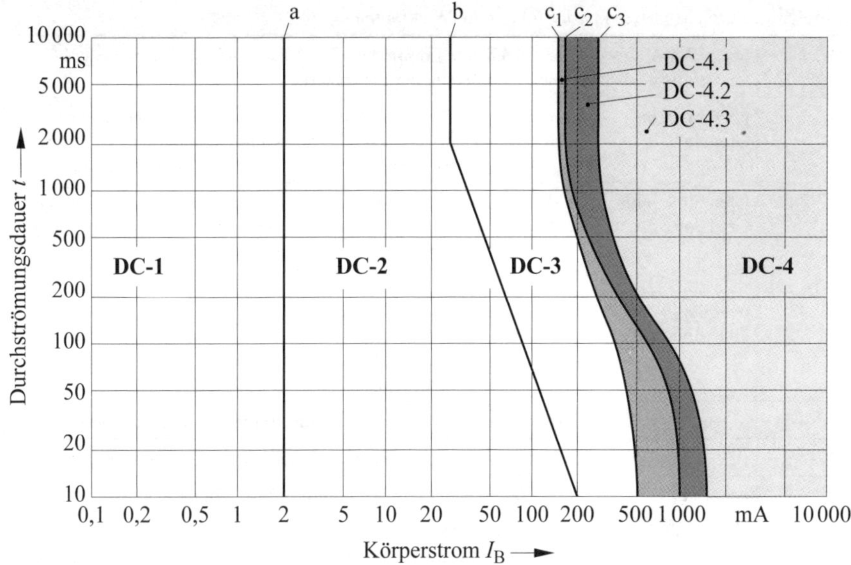

Bild 5.5 Konventionelle Zeit-Stromstärke-Bereiche mit Wirkungen von Gleichströmen auf Personen bei Längsdurchströmung mit aufsteigendem Strom (nach DIN IEC/TS 60479-1 (**VDE 0140-479-1**):2007-05, Bild 22)

Grenzlinie c_1, die in Bild 5.5 gezeigt wird und auf Tierversuchen beruht, als konservative Schätzung auch als Flimmerschwelle für Personen benutzt wird. Es sind keine Elektrounfälle mit tödlichem Ausgang unter der Grenzlinie c_1 bekannt geworden. Dies lässt vermuten, dass die Grenzlinie c_1 für alle Personen als konservativ angesehen werden kann. Für Längsdurchströmungen mit abfallendem Strom (Füße negativ) müssen die Grenzlinien c_1 bis c_3 ungefähr um den Faktor 2 in Richtung höherer Stromstärke verschoben werden.

Andere Wirkungen des Stroms

Oberhalb von etwa 100 mA kann eine Wärmeempfindung in den Extremitäten während des Stromflusses wahrgenommen werden. Im Bereich der Berührungsfläche werden schmerzhafte Empfindungen wahrgenommen. Querdurchströmungen durch den menschlichen Körper bis 300 mA für mehrere Minuten können mit zunehmender Einwirkdauer und Stromstärke reversible Herzrhythmusstörungen, Strommarken, Verbrennungen, Schwindelanfälle und manchmal Bewusstlosigkeit bewirken. Oberhalb 300 mA tritt häufig Bewusstlosigkeit auf. Mit Strömen von einigen Ampere, die einige Sekunden andauern, können häufig tiefe Verbrennungen oder andere Schädigungen und sogar der Tod auftreten.

Tabelle 5.4 erläutert zusammengefasst die Beschreibung aus Bild 5.5.

Bereiche	Bereichsgrenzen	Physiologische Wirkungen
DC-1	bis zu 2 mA Grenzlinie a	Leicht stechende Empfindung beim Ein- und Ausschalten oder bei schneller Änderung der Stromstärke
DC-2	über 2 mA bis Grenzlinie b	Unwillkürliche Muskelkontraktionen wahrscheinlich, besonders beim Ein- und Ausschalten oder bei schneller Änderung des Stroms, aber üblicherweise keine schädlichen physiologischen Wirkungen
DC-3	Grenzlinie b bis Grenzlinie c_1	Starke unwillkürliche Muskelkontraktionen und reversible Störungen der Reizbildung und Reizleitung im Herzen können zunehmend mit Stromstärke und Durchströmungsdauer auftreten. Im Allgemeinen ist kein organischer Schaden zu erwarten
DC-42	über der Grenzlinie c_1	Es können pathophysiologische Wirkungen auftreten wie Herzstillstand, Atemstillstand und Verbrennungen oder andere Zellschäden; Wahrscheinlichkeit von Herzkammerflimmern ansteigend mit Stromstärke und Durchströmungsdauer
DC-4-1	$c_1 - c_2$	Wahrscheinlichkeit von Herzkammerflimmern ansteigend bis etwa 5 %
DC-4-2	$c_2 - c_3$	Wahrscheinlichkeit von Herzkammerflimmern ansteigend bis etwa 50 %
DC-4-3	über der Grenzlinie c_3	Wahrscheinlichkeit von Herzkammerflimmern über 50 %
Bei Durchströmungsdauern unter 200 ms tritt Herzkammerflimmern nur auf, wenn die entsprechenden Schwellenwerte in der vulnerablen Periode überschritten werden. Hinsichtlich des Herzkammerflimmerns bezieht sich Bild 22 auf die Wirkungen des Stroms beim Stromweg von der linken Hand zu den Füßen. Bei anderen Stromwegen muss der Herzstromfaktor berücksichtigt werden.		

Tabelle 5.4 Zeit-Stromstärke-Bereiche für Gleichstrom für den Stromweg von einer Hand zu den Füßen – Zusammenfassung der Bereiche von Bild 5.3
(nach DIN IEC/TS 60479-1 (**VDE 0140-479-1**):2007-05, Tabelle 13)

5.2 Grundsätzliche Erkenntnisse der Elektropathologie

Zusätzlich zu DIN IEC/TS 60479-1 (**VDE 0140-479-1**):2007-05 sind einige Erkenntnisse aus dem noch immer aktuellem Werk von Prof. *Gottfried Biegelmeier* „Wirkung des elektrischen Stroms auf Menschen und Nutztiere. Lehrbuch der Elektropathologie“ [5.1] für den interessierten Leser aufgeführt:

- Der Körperinnenwiderstand ist im Bereich von 5 V bis 5 000 V von der Größe der angelegten Spannung unabhängig.
- Im Gebiet des Hautdurchbruchs sinkt der Gesamtwiderstand sehr stark mit zunehmender Spannung, also auch mit der Stromdichte.
- Der Körperwiderstand für Gleichstrom stimmt praktisch mit dem für Wechselstrom von 50 Hz überein. Der Gesamtkörperwiderstand für Gleichstrom liegt bei Berührungsspannungen unter etwa 100 V infolge der Sperrwirkungen der Körperkapazitäten über dem Wert des Wechselstromwiderstands.

- Der Körperinnenwiderstand ist in seinem Wesen praktisch ein reiner Wirkwiderstand.
- Der Gesamtwiderstand des Körpers ist vor und während des Durchschlags der Haut stark vom Feuchtigkeitszustand der Berührungsstelle abhängig. Auf den Körperinnenwiderstand ist die Feuchtigkeit der Kontakte ohne Einfluss.
- Bei Spannungen über etwa 200 V hat die Haut keinen Schutzwert mehr, und die Berührungsfläche hat für den Ausgang des Unfalls keine besondere Bedeutung. Das Gleiche gilt für den Zustand der Haut in Bezug auf Feuchtigkeit und Temperatur.
- Bei Elektrounfällen und Berührungsspannungen über 100 V ist für den Unfallausgang hinsichtlich der Körperimpedanz der Durchströmungsweg wesentlich. Feuchtigkeit und Berührungsfläche haben geringen Einfluss.
- Bei Berührungsspannungen unter etwa 100 V sinkt der Körperwiderstand mit steigender Frequenz. Bei kleinen Berührungsflächen und trockener Haut ist er der Frequenz umgekehrt proportional. Über etwa 1 000 Hz nähert sich der Körperwiderstand den Werten des Körperinnenwiderstands für den betreffenden Durchströmungsweg.
- Gleichstrom ist wegen des Fehlens der Loslassschwelle und wegen der höheren Flimmerschwellen bei Durchströmungsdauern über eine Herzperiode weniger gefährlich als Wechselstrom von 50 Hz/60 Hz. Bei Gleichstrom gibt es keine eigentliche Loslassschwelle.
- Wechselströme über 1 000 Hz sind weniger gefährlich als die in der Technik am häufigsten verwendeten Frequenzen 50 Hz/60 Hz. Bei Frequenzen über 10 000 Hz treten in der Regel weder Verkrampfungen auf noch muss mit Herzkammerflimmern gerechnet werden.

5.3 Konsequenzen für Schutzmaßnahmen gegen gefährliche Körperströme

Die Schutzmaßnahmen gegen gefährliche Körperströme sind in DIN VDE 0100-410 festgelegt. Die Anforderungen an die Schutzmaßnahmen sowohl gegen direktes Berühren als auch bei indirektem Berühren sind grundsätzlich immer anzuwenden. Eine ausführlichere Beschreibung über die Schutzmaßnahmen aus dieser Norm gibt Kapitel 4.

5.4 Unfälle durch elektrischen Strom

In der Unfallstatistik stehen Unfälle mit elektrischem Strom trotz ihrer Gefährlichkeit mit an letzter Stelle. Dies ist nicht zuletzt auf die erheblichen Sicherheitsvorkehrungen zurückzuführen, wie sie von den DIN-VDE-Normen vorgegeben sind. Die Tatsache, dass leider immer noch tödliche Unfälle geschehen, verpflichtet jeden Verantwortlichen umso mehr, die Sicherheitsbestimmungen genau einzuhalten, d. h., es sind nicht nur die erforderlichen Schutzmaßnahmen vorzusehen, sondern es ist auch ihre Wirksamkeit zu prüfen.

In der Todesursachen-Statistik des Statistischen Bundesamts in Wiesbaden werden alle Todesfälle durch Einwirkung des elektrischen Stroms erfasst, also sowohl Arbeitsunfälle als auch Unfälle im privaten Bereich. **Bild 5.6** zeigt die Anzahl der tödlichen Unfälle durch elektrischen Strom. Danach haben tödliche Stromunfälle im Durchschnitt einen ausgesprochen abnehmenden Trend.

Bild 5.6 stellt die Entwicklung der tödlichen Stromunfälle dar. Diese Entwicklung verdeutlicht die insgesamt für die betrachtete Zeit festzustellende Abnahme aller tödlichen Arbeitsunfälle im engeren Sinne, die zweifellos den intensiven Bemühungen um die Verbesserung der Arbeitssicherheit aller mit Sicherheitsaufgaben betrauten Fachkräfte und Institutionen zu verdanken ist. Zu diesen Bemühungen, die maßgeblich von der Berufsgenossenschaft Energie Textil Elektro Medienerzeugnisse (BG ETEM, früher Berufsgenossenschaft der Feinmechanik und Elektrotechnik, BGFE) initiiert wurden, zählen die Weiterentwicklung sicherheitstechnischer Ausrüstung, die Prüfung elektrischer Anlagen und Betriebsmittel sowie die gezielte sicherheitstechnische Information von Elektrofachkräften und Elektrolaien.

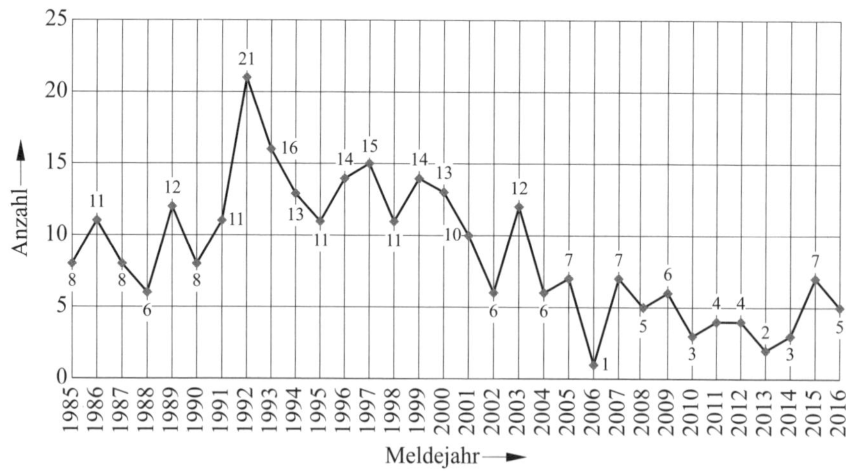

Bild 5.6 Elektrounfälle in Deutschland
(Quelle: Information des Instituts zur Erforschung elektrischer Unfälle, BG ETEM)

Auch die Weiterentwicklung der Schutz- und Überwachungstechnik von elektrischen Anlagen und die Einbindung in relevante Normen zur Verbesserung der Schutzmaßnahmen unterstützen den kontinuierlichen Rückgang von tödlichen Stromunfällen.

5.5 Literatur

[5.1] *Biegelmeier, G.*: Wirkung des elektrischen Stroms auf Menschen und Nutztiere. Berlin · Offenbach: VDE VERLAG, 1986. – ISBN 3-8007-1452-3

[5.2] Berufsgenossenschaft Energie Textil Elektro Medienerzeugnisse (BG ETEM), Köln: www.bgetem.de

6 Grundsätzliche Aspekte der Sicherheit elektrischer Einrichtungen in medizinischer Anwendung

6.1 Was ist Sicherheit?

DIN 31000 (**VDE 1000**):2017-04 „Allgemeine Leitsätze für das sicherheitsgerechte Gestalten von Produkten" stellt allgemeine Grundsätze für das sicherheitsgerechte Gestalten von Produkten im Sinne der einschlägigen Rechts- und Verwaltungsvorschriften auf und legt grundlegende und für alle Arten elektrischer Betriebsmittel gemeinsam geltende sicherheitstechnische Anforderungen fest.

In der Vorgängernorm wurden Begriffe der Sicherheitstechnik definiert, die zwar im Jahr 2005 zurückgezogen wurde, deren Aussage aber auch heute noch zutrifft. Diese definiert Sicherheit als ein Zustand, bei dem das Risiko unter einem definierten Grenzrisiko bleibt. Zitat: *„Da es in der Technik, wie überall im Leben, eine absolute Sicherheit im Sinne einer Freiheit von jeglichen Risiken nicht geben kann, besteht die Aufgabe darin, das Risiko auf ein vertretbares geringes Maß zu reduzieren."*

An anderer Stelle wird Sicherheit definiert als die Fähigkeit, innerhalb vorgegebener Grenzen für eine gegebene Zeitdauer keine Gefährdung für Leib und Leben zu bewirken oder eintreten zu lassen. Beide Definitionen schränken ein, dass Sicherheit zeitlich und inhaltlich begrenzt ist. Daraus wird bereits deutlich, dass es keine absolute Sicherheit gibt. Andererseits wird gefordert, das verbleibende Restrisiko so gering wie möglich zu halten. Diese Forderung ist zunächst allgemeiner Natur, ihre Umsetzung ist im konkreten Fall immer an das technisch Machbare, das anwendungstechnisch Sinnvolle und nicht zuletzt das wirtschaftlich Vertretbare gebunden. Doch verdienen Menschenleben immer den bestmöglichen Schutz, den moderne Technik zu bieten hat.

Bei der Betrachtung der elektrischen Sicherheitstechnik wird in drei Stufen unterschieden:

- Unmittelbare Sicherheitstechnik
  Es bestehen keine Gefahren, das betreffende Objekt ist eigensicher, z. B. Geräte-Batterie.
- Mittelbare Sicherheitstechnik
  Gefahren werden am Wirksamwerden gehindert, z. B. Schutzisolierung, Fehlerstromschutzeinrichtung (RCD), IT-System mit Isolationsüberwachung.
- Hinweisende Sicherheit
  Es ist z. B. aus funktionellen Gründen nicht möglich, die Gefahren zu eliminieren, deshalb muss darauf hingewiesen werden. Beispiel: Hochspannung am Defibrillator.

Daraus folgend ist sicherlich jeder Hersteller bestrebt, seine Geräte so zu entwickeln und zu konstruieren, dass sie eigensicher sind und somit eine unmittelbare Sicherheitstechnik zur Anwendung kommt, was jedoch nicht immer möglich ist.

Bei Überlegungen zur Sicherheit im medizinischen Bereich sollten grundsätzlich immer die nachstehenden Aspekte berücksichtigt werden:

- es gibt keine absolute (100-prozentige) Sicherheit,
- das verbleibende Restrisiko muss nach dem jeweiligen Stand der Technik so gering wie möglich gehalten werden,
- ein beliebiger Erster Isolationsfehler darf nicht zu einer Gefährdung von Patienten oder Personal führen.

6.2 Das Sicherheitskonzept gegen elektrische Gefährdung in medizinisch genutzten Bereichen

Die grundlegenden Anforderungen hinsichtlich der elektrischen Sicherheit sind unabhängig davon, ob es sich dabei um medizinische, berufliche oder private Einsatzbereiche handelt. Eine genauere Betrachtung zeigt jedoch, dass sich für den medizinischen Bereich zusätzliche Anforderungen ergeben. Der Patient kann sich außerhalb üblicher Verhaltens- und Reaktionsweisen befinden, er kann ständig mit (mehreren) medizinischen elektrischen Geräten verbunden sein, mit denen nicht zuletzt auch eine lebenserhaltende oder lebensrettende Funktion verknüpft sein kann. Für alle Überlegungen hinsichtlich der elektrischen Sicherheit sind deshalb folgende Faktoren zu beachten:

- Der Patient kann nicht auf Gefährdungen durch elektrischen Strom reagieren, da natürliche Abwehrreflexe herabgesetzt oder ausgeschaltet sind (z. B. durch Narkose).
- Der natürliche Hautwiderstand wird durch Einbringen von Kathetern und Ähnlichem in natürliche und künstliche Öffnungen durchbrochen.
- Das Herz ist gegen elektrische Ströme $> 10\ \mu A$ besonders empfindlich.
- Körperfunktionen werden zeitweise oder ständig durch medizinische elektrische Geräte übernommen.
- Eine Brandgefahr besteht durch entzündliche oder brennbare Narkose-, Desinfektions- oder Reinigungsmittel.
- Störungen in der Stromversorgung können Patienten gefährden oder die Funktion von medizinischen elektrischen Geräten beeinflussen.
- Chirurgische Eingriffe können nicht abgebrochen oder wiederholt werden.
- Intensive Behandlung und Untersuchung erfordert gleichzeitige Anwendung mehrerer medizinischer elektrischer Geräte.
- Zulässige Ableitströme können sich zu kritischen Werten addieren.
- Bei Netzausfall können Langzeit-Aufzeichnungen von Untersuchungen unwiederbringlich verloren gehen.

6.2.1 Das sichere medizinische elektrische Gerät

Medizinische elektrische Geräte können während ihrer Anwendung Gefahren mit sich bringen:

- durch Energien, die bei sachgemäßem Funktionieren auftreten,
- durch Energien, die im Fall des ersten Isolationsfehlers auftreten,
- durch Nichtfunktionieren, wenn
  - das Wohl des Patienten von dieser Funktion abhängt (lebenserhaltende Geräte),
  - die Art der Untersuchung oder Behandlung eine Unterbrechung der Wiederholung nicht zulässt.

Die Auswirkungen dieser Gefahren sind nicht nur auf einen einzelnen Bereich oder ein Gerät beschränkt, vielmehr können sie sich in vielfältiger Weise auswirken auf

- den Patienten,
- den Bedienenden des Geräts,
- das Personal in der Umgebung,
- die Geräte oder die elektrische Installation.

Der größte Teil der Gefahren resultiert aus dem direkt über den Menschen fließenden elektrischen Strom. Es gibt jedoch auch eine Reihe anderer Gefährdungsquellen:

- elektrische Energien, z. B. als Strahlung, Ultraschall, Hochfrequenz,
- mechanische Kräfte,
- Hochfrequenzstörungen,
- übermäßige Temperaturen,
- Brand,
- Chemikalien,
- menschliches Versagen,
- Ausfall von elektrischen Gerätekomponenten,
- Ausfall der Stromversorgung.

Die Wahrscheinlichkeit, dass zwei voneinander unabhängige Isolationsfehler gleichzeitig auftreten, gilt als sehr gering; deshalb ist ein Schutzsystem möglich, in dem jeder einzelne erste Isolationsfehler vor dem Eintreten eines zweiten Isolationsfehlers entdeckt werden kann.

Um eine höchstmögliche Gerätesicherheit zu erreichen, müssen medizinische elektrische Einrichtungen für die vorgesehene Anwendung geeignet sein und den einschlägigen Normen entsprechen. Sie sind nach den zu erwartenden Beanspruchungen sowie den äußeren Einflüssen am Verwendungsort auszuwählen. Dies bedeutet, dass

- die elektrischen Betriebsmittel die richtige Schutzart (Berührungs-, Fremdkörper- und Wasserschutz) aufweisen müssen,
- der Schutz gegen gefährliche Berührungsströme bzw. gegen elektrischen Schlag gegeben sein muss (Basisschutz und Fehlerschutz).

Beim Betreiben von medizinischen elektrischen Einrichtungen in elektrischen Anlagen geht die größte Gefahr naturgemäß von den Teilen aus, die Netzspannung führen können. Wenn der Patient oder der Bedienende niederohmig mit Erde verbunden ist, kann ein Kontakt zwischen dem Patienten oder dem Bedienenden und einem aktiven Leiter eine Gefährdung verursachen. Der Grad der Gefährdung hängt von der vorhandenen Spannung, dem Widerstand des menschlichen Körpers und dem Strompfad durch den Körper ab.

Um dies zu vermeiden, werden alle Spannung führenden Teile einer Einrichtung mit einer sogenannten Basisisolierung (**Bild 6.1**) versehen. Jedoch auch die beste Isolierung kann einen Stromübertritt auf die berührbaren leitfähigen Teile nicht ganz verhindern. Insbesondere über die Kapazität zwischen Netzteil und Gehäuse fließt ein bestimmter Wechselstrom, wenn durch gleichzeitige Berührung des Geräts und eines geerdeten Gebäudeteils eine Ableitung über Erde zur Spannungsquelle zustande kommt. Dieser Ableitstrom darf, entsprechend den Gerätebestimmungen, bestimmte Grenzwerte nicht überschreiten.

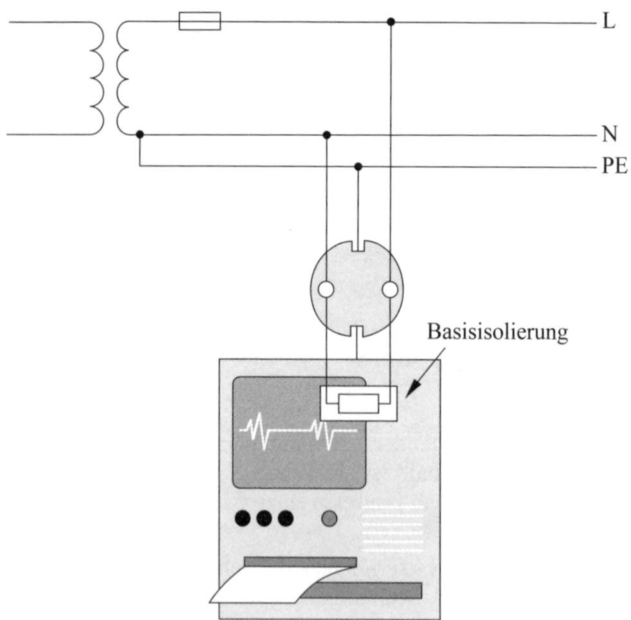

Bild 6.1 Die Basisisolierung – Grundlage eines elektrisch sicheren Geräts

Eine derart ausreichend isolierte Einrichtung erscheint in diesem Zustand zunächst elektrisch sicher. Sie ist es jedoch nicht, weil bei einem ersten Isolationsfehler die Basisisolierung fehlerhaft durchbrochen werden kann und somit die volle Netzspannung am Gehäuse liegt. Nach einem ersten Isolationsfehler darf aber ein Gerät nicht gefährlich werden! Daraus ergibt sich die Notwendigkeit einer zusätzlichen, von der Basisisolierung unabhängigen Schutzmaßnahme. Diese zusätzlichen Schutzmaßnahmen sind mit den Geräte-Schutzklassen I, II und III definiert.

6.2.1.1 Geräte der Schutzklasse I

Geräte der Schutzklasse I (**Bild 6.2**) haben zum Schutz gegen elektrischen Schlag eine zusätzliche Verbindung berührbarer, leitfähiger Teile zur Erde. Die Erdung dieser Verbindung mit dem Schutzleiter innerhalb der elektrischen Anlage erfolgt zwangsläufig beim Einstecken des Netzsteckers in die Netzsteckdose. Diese Erdung bewirkt für die berührbaren, leitfähigen Teile einen gegen Erde berührungsspannungsfreien Zustand, auch für den Fall, dass über die Basisisolierung ein fehlerhafter Stromübergang stattfindet. Steigt der Fehlerstrom in seinem Wert über den Wert der installationsseitig vorgesehenen Fehlerstromschutzeinrichtung (RCD), spricht diese an, und die Stromversorgung wird unterbrochen. Bei vielen Einrichtungen beeinträchtigt jedoch eine fehlerhafte Unterbrechung des Schutzleiters nicht die Gerätefunktion.

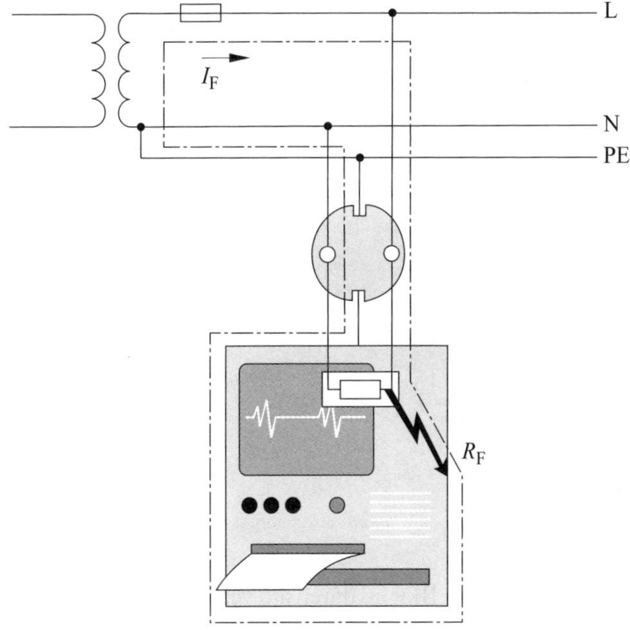

Bild 6.2 Gerät der Schutzklasse I

Das bedeutet, dass der Isolationsfehler unbemerkt bleibt; das fehlerbehaftete Gerät wird weiterbetrieben. Ein wichtiger Grund, im Rahmen der regelmäßigen Geräteprüfungen ein besonderes Augenmerk auf die Anschlussleitungen bzw. den Schutzleiter zu werfen.

6.2.1.2 Geräte der Schutzklasse II

Geräte der Schutzklasse II (**Bild 6.3**) sind durch ein Doppelquadrat gekennzeichnet. Dieses Symbol stellt dar, dass diese Geräte zusätzlich zur Basisisolierung über eine zweite bzw. doppelte Isolierung verfügen; sie sind schutzisoliert. Bei Versagen der Basisisolierung schützt dann die zweite Isolierung vor Gefährdungen durch elektrischen Strom. Da bei diesen Geräten der natürliche Ableitstrom nicht über den Schutzleiter fließt, sondern über die Person, die das Gerät berührt, lassen die Gerätebestimmungen für Geräte der Schutzklasse II nur sehr niedrige Ableitströme zu.

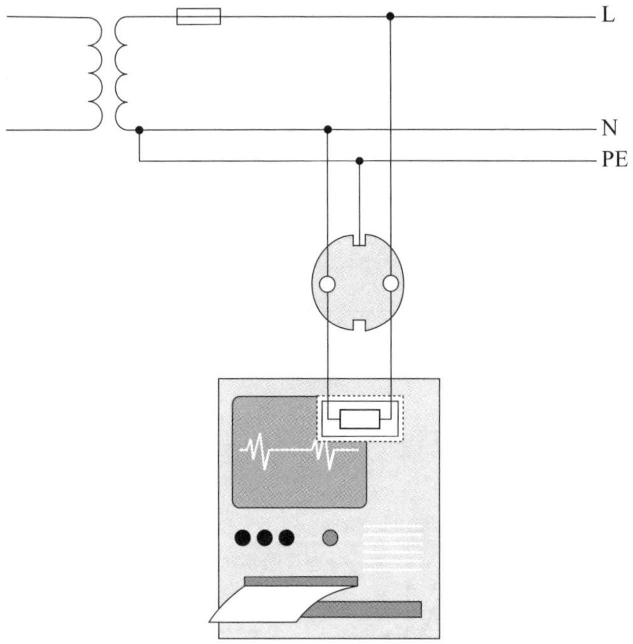

Bild 6.3 Gerät der Schutzklasse II

6.2.1.3 Geräte der Schutzklasse III

Der Schutz bei Geräten der Schutzklasse III wird durch die Verwendung einer Kleinspannung erreicht. Diese Geräte sind jedoch seit der Gültigkeit der DIN EN 60601-1 (**VDE 0750-1**):2007-07 nicht mehr zulässig, da eine Spannungsbegrenzung in Höhe der Schutzkleinspannung als Schutz für den Patienten aufgrund seiner besonderen Situation nicht als ausreichend angesehen wird.

6.2.1.4 Anwendungsteile medizinischer elektrischer Einrichtungen

Während die vorgenannten Schutzmaßnahmen im Prinzip den netzseitigen Schutz der medizinischen elektrischen Geräte definieren, ist – im Gegensatz zu haushaltsüblichen Geräten – die direkte Anwendung von Geräteteilen am Patienten und damit die Gefahr eines Übertritts von elektrischem Strom in den Körper oder in Körperteile des Menschen zu beachten. Mit der Isolierung des Anwendungsteils soll unterbunden werden, dass der Patient Teil eines ungewollten Stromkreises über Erde werden kann, während er für eine Untersuchung oder Behandlung mit dem Gerät elektrisch leitend verbunden ist.

Unter einem Anwendungsteil AP versteht man nach DIN EN 60601-1 (**VDE 0750-1**): 2013-12 den Teil eines Geräts, der bei bestimmungsgemäßem Gebrauch

- in physischen (körperlichen) Kontakt mit dem Patienten kommt, damit das Gerät seine Funktion erfüllen kann, oder
- mit dem Patienten in Kontakt gebracht werden kann oder
- vom Patienten berührt werden muss.

Ein isoliertes Anwendungsteil des Typs F wird beschrieben als ein Anwendungsteil (**Bild 6.4**), das von anderen Teilen des Geräts derart getrennt ist, dass kein höherer Strom als der im „ersten Fehler" zulässige Patientenableitstrom fließt, wenn eine nicht vorgesehene Spannung aus einer externen Quelle mit dem Patienten verbunden ist und dadurch zwischen dem Anwendungsteil und Erde anliegt. Nach DIN EN 60601-1 (**VDE 0750-1**):2013-12 „Medizinische elektrische Geräte – Teil 1: Allgemeine Festlegungen für die Sicherheit einschließlich der wesentlichen Leistungsmerkmale" werden medizinische elektrische Geräte auch hinsichtlich der möglichen Verbindung zum Patienten in Schutzklassen eingeteilt, sodass der Gefahr eines elektrischen Schlags und ersten Gerätefehlern so weit als möglich vorgebeugt wird.

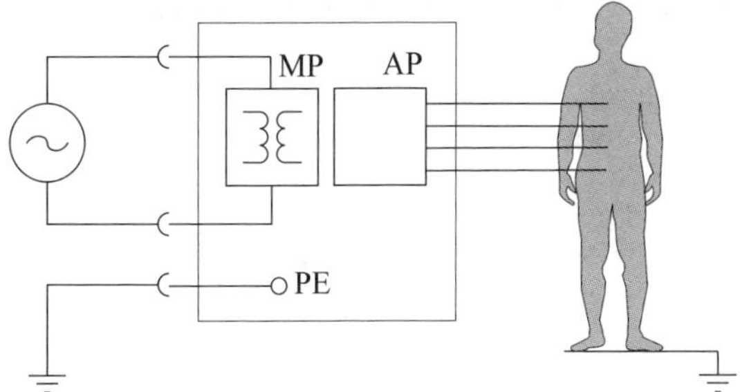

Bild 6.4 Beispiel für ein medizinisches elektrisches Gerät mit Anwendungsteilen – MP Medizinprodukt, AP Applied Part (Anwendungsteil), PE Schutzleiter

6.2.2 Sicherer medizinisch genutzter Bereich

Der umfassende Einsatz elektrischer Energie in medizinisch genutzten Bereichen erfordert ein hohes Maß an Sicherheitsvorkehrungen, um die vom elektrischen Strom ausgehenden Gefahren für Leben und Sachwerte möglichst auszuschließen.

Gegenüber einer Elektroinstallation im industriellen oder privaten Bereich schlägt sich dies im medizinischen Bereich in einem erhöhten Berührungsschutz und einer erhöhten Versorgungs- und Ausfallsicherheit nieder.

Die elektrische Installation für einen medizinisch genutzten Bereich schließt die Gesamtheit der Kabel und Leitungen, Schalter, Transformatoren und anderen Teilen ein, die zur Stromversorgung elektrischer Geräte in medizinischer Anwendung vorgesehen sind. Dabei können Teile der elektrischen Installation in der Umgebung des Patienten vorhanden sein, die zu übermäßig hohen Strömen durch den Patienten führen können. Um dies zu vermeiden, bietet offensichtlich eine Kombination aus Geräteerdung und Schutzpotentialausgleich in der Anlage die beste Lösung. Ein Nachteil eines solchen Systems ist, dass im Fall eines Isolationsfehlers in Stromkreisen, die direkt an das Versorgungsnetz angeschlossen sind, der Fehlerstrom einen beträchtlichen Spannungsfall im Schutzleiter des betreffenden Stromkreises bewirken kann. Da eine Vergrößerung der Querschnitte der Schutzleiter zwecks Reduzierung des Spannungsfalls meist undurchführbar ist, bestehen die Lösungen entweder in Verminderung der Dauer der Erdfehlerströme durch besondere Vorrichtungen oder in der Verwendung einer Stromversorgung, die gegen Erde isoliert aufgebaut ist (IT-System).

Da die unterschiedlichen therapeutischen oder diagnostischen Maßnahmen auch unterschiedliche Anforderungen an die elektrische Installation stellen, werden Bereiche entsprechend den notwendigen Maßnahmen eingeteilt. Grundsätzlich wird ab dem Gebäudehauptverteiler ein Fünf-Leiter-System mit einem getrennten, isolierten Neutralleiter und einem getrennten, isolierten Schutzleiter gefordert. Zusätzlich können, je nach Art der ausgeführten Untersuchungen oder Behandlungen, folgende Maßnahmen erforderlich sein (Aufzählung nach DIN VDE 0752:1983-05 mit Beiblatt 1:2003-03 „Grundlegende Aspekte von Sicherheitsnormen für medizinische elektrische Geräte (IEC/TR3 60513:1994)“):

- Zusätzliche Anforderungen an den Schutzleiter und Schutzeinrichtungen gegen das Bestehen von Spannungen.
- Begrenzung von Spannungen durch besonderen Schutzpotentialausgleich. Während der Anwendung von Geräten mit direktem Kontakt zum Patienten muss mindestens um den Patienten ein Potentialausgleichsbereich mit einem patientennahen, zentralen Erdpunkt geschaffen werden, an dem die Schutz- und Betriebsleiter der Geräte angeschlossen sind. Alle berührbaren, leitfähigen Teile und Flächen in diesem Bereich sollten außerdem an die zentrale Potentialausgleichschiene angeschlossen sein.
- Begrenzung des Potentialausgleichsbereichs auf den Bereich, der unmittelbar einen Patienten umgibt; das bedeutet praktisch, im Umkreis eines Operationstisches oder eines Betts in einer Intensivstation.

- Falls sich mehr als ein Patient in diesem Bereich befindet, sind die verschiedenen Potentialausgleichszentren an eine zentrale Potentialausgleichschiene anzuschließen, die vorzugsweise mit dem Schutzleiter der Stromversorgung für den betreffenden Bereich verbunden ist. In seiner vollständigen Form kann das Potentialausgleichsnetz teilweise aus festen, ständigen Anschlüssen und teilweise aus einer Anzahl von Einzelanschlüssen bestehen, die dann hergestellt werden, wenn die Geräte nahe beim Patienten aufgebaut werden. Es ist klar, dass die notwendigen Anschlussstellen für die Verbindungen an den Geräten und an der Anlage vorgesehen sein sollten.
- Beschränkung der Dauer von kurzzeitigen Berührungsspannungen durch Verwendung von Fehlerstromschutzeinrichtungen (RCD).
- Kontinuität der Stromversorgung für bestimmte Geräte im Fall eines ersten Isolationsfehlers gegen Erde und Verringerung von kurzzeitigen Berührungsspannungen durch Anwendungen von Transformatoren mit getrennten Wicklungen (IT-System).
- Überwachung eines ersten Isolationsfehlers gegen Erde in einem isolierten (erdfreien) Versorgungsstromkreis (Sekundärstromkreis) eines Transformators mit getrennten Wicklungen mit ausreichend hoher Impedanz gegen Erde.
- Verhütung von Explosionen und Bränden in Bereichen, in denen eine explosionsfähige Atmosphäre durch Anästhesiemittel usw. auftreten kann, z. B. durch Belüftung, antistatische Maßnahmen und sorgfältige Installation.
- Empfehlungen für daran anzuschließende Stromkreise: allgemeine Ersatzstromversorgung für die Hauptteile des Krankenhauses, gewöhnlich mittels eines dieselbetriebenen Generators.
- Zusätzliche Sicherheitsstromversorgung für wichtige Geräte, z. B. lebenserhaltende Geräte und Operationsleuchten. Die Stromversorgung wird in sehr kurzer Zeit oder sogar ohne jede Unterbrechung auf diese Geräte umgeschaltet.

Die Einrichtungen können aus Akkumulatoren bestehen, die möglicherweise mit Umformern oder besonderen Strom erzeugenden Aggregaten kombiniert sind:

- Unterdrückung elektromagnetischer Störungen, die durch die Ausführung des Gebäudes, durch Leitungsführung und Abschirmungen erreicht wird. Grenzwerte für magnetische Felder sind besonders bei empfindlichen Messungen einzuhalten.
- Für die elektrische Installation in Fahrzeugen, in denen medizinische elektrische Geräte verwendet werden, sind besondere Anforderungen notwendig.

Abschließend sei erwähnt, dass auch der einwandfreie Zustand der Installation (als wesentliches Sicherheitsmerkmal) regelmäßig überprüft werden muss. In den erwähnten Errichtungsbestimmungen sind Prüfmerkmale und zeitliche Abstände für Kontrollen durch den Betreiber und durch elektrotechnische Fachkräfte festgelegt.

6.2.3 Sichere Anwendung

Die dritte Säule für eine umfassende Sicherheit im medizinischen Bereich ist die sichere, d. h. fachgerechte Anwendung medizinischer elektrischer Geräte. Hierzu stehen sowohl der Arzt als auch das medizinische Personal in Verantwortung.

Voraussetzung für sicheres Anwenden sind die entsprechende Information und Ausbildung. Aus diesem Grund ist durch das Gesetz über Medizinprodukte (Medizinproduktegesetz – MPG) [6.1] die Anwendung eines medizinischen elektrischen Geräts nur dann erlaubt, wenn der betreffende Geräteanwender in die Handhabung entsprechend eingewiesen wurde.

Ein wesentlicher Aspekt dieser Einweisung ist der Hinweis auf mögliche gerätespezifische Gefährdungen von Patienten und Bedienenden und auf die entsprechenden Abhilfen. In diesem Zusammenhang sei auch hingewiesen auf die im medizinisch genutzten Bereich in Form von einem Melde- und Bedientableau, vorhandenen Informationen über den Betriebszustand der technischen Anlagen. Auch hier ist eine entsprechende Einweisung des medizinischen Personals empfehlenswert, damit beim Auftreten von Störungen die richtigen Entscheidungen getroffen werden. Für die Betriebssicherheit von medizinischen elektrischen Geräten ist auch der Hinweis auf die Bedeutung der farblichen Kennzeichnung von Steckdosen im AG-2-Raum (Anwendungsgruppe 2) ein wichtiger Punkt.

Ein weiterer Aspekt der sicheren Anwendung ist das Erhalten des einwandfreien Zustands der medizinischen elektrischen Einrichtungen. Medizinische elektrische Geräte, aber auch andere elektrische Betriebsmittel haben eine technisch bedingte Lebensdauer, die durch die ursprüngliche Qualität, die Wirkung der Umgebungsbedingungen, die Häufigkeit der Verwendung und Überwachung während der Verwendung und die Wartung festgelegt ist. Es ist wahrscheinlich, dass eine Anzahl von Fehlern auftritt, von denen einige durch regelmäßige Wartung und Überwachung vermieden werden können. Auch hier besteht vonseiten des Gesetzes über Medizinprodukte (Medizinproduktegesetz – MPG) und der DGUV-Vorschrift 3 eine Pflicht zur regelmäßigen Wartung und Inspektion des gesamten Geräteparks durch die Gerätehersteller oder andere fachkundige Personen. Auch im täglichen Betrieb kann durch ein geschärftes Bewusstsein für Gerätedefekte ein wesentlicher Beitrag für mehr Sicherheit geleistet werden. Gerade die nicht die Funktion des Geräts beeinflussenden Defekte, z. B. schadhafte Netzleitungen, defekte Netzstecker und Anzeige, unleserliche Aufschriften, sollten dem aufmerksamen Anwender nicht entgehen und Grund genug sein, das betreffende Gerät unverzüglich reparieren zu lassen.

6.3 Literatur

[6.1] Gesetz über Medizinprodukte (Medizinproduktegesetz – MPG) vom 7. August 2002 (BGBl. I S. 3 146), zuletzt geändert durch Art. 7, des Gesetzes vom 18. Juli 2017 (BGBl. I S. 2 757). – ISSN 0341-1095

7 Zu beachten bei der Planung elektrischer Stromversorgungsanlagen in medizinisch genutzten Bereichen

Bereits bei der Planung und Ausführung eines Krankenhauses wird nicht nur der Grundstein für die Bauhülle gelegt, sondern auch der Grundstein für die spätere gewünschte elektrische Sicherheit für den Patienten. Verantwortlich für die Umsetzung der dafür zu beachtenden Normen, Gesetze und Bestimmungen sind letztlich alle, die am Bau beteiligt sind:

Der Bauherr

Er hat zur Vorbereitung, Überwachung und Ausführung der Baumaßnahmen einen fachlich geeigneten Entwurfsverfasser, Unternehmer und Bauleiter zu bestellen.

Der Entwurfsverfasser (Architekt oder Fachplaner)

Er muss nach Sachkunde und Erfahrung geeignet sein, und er hat unter anderem dafür zu sorgen, dass die Planvorlagen den behördlichen Vorschriften und den allgemein anerkannten Regeln der Technik entsprechen.

Der Unternehmer

Er ist für die ordnungsgemäße, den einschlägigen Vorschriften, Normen und Bestimmungen entsprechende Ausführung der von ihm übernommenen Arbeiten verantwortlich.

Der Bauleiter

Er hat als Vertreter des Bauherrn darüber zu wachen, dass die Baumaßnahmen den Vorschriften und gegebenenfalls den Festlegungen im Baugenehmigungsbescheid und in den genehmigten Bauzeichnungen entsprechend ausgeführt werden.

7.1 Gesetze, Normen und Bestimmungen für elektrische Anlagen in Krankenhäusern

Gesetze, Verordnungen, Unfallverhütungsvorschriften, Bestimmungen und Normen bilden die Grundlage für die Planung, Erstellung und den Betrieb elektrischer Anlagen in Krankenhäusern und anderen medizinischen Einrichtungen. Zu den Gesetzen und Verordnungen (Bund/Länder) gehören:

- Das Produktsicherheitsgesetz (ProdSG) ersetzt seit 1. Dezember 2011 das Geräte- und Produktsicherheitsgesetz (GPSG) und regelt die Sicherheitsanforderungen von technischen Arbeitsmitteln und Verbraucherprodukten. Die CE-Kennzeichnung ist beispielsweise in § 7 ProdSG geregelt, wonach ein Produkt nur in den Verkehr gebracht werden darf, wenn dieses, seine Verpackung oder ihm beigefügte Unterlagen mit der CE-Kennzeichnung versehen sind.
- Das EnEG 2013 gilt seit 13. Juli 2013. Es ist ein Gesetz zur Einsparung von Energie in Gebäuden (EnEG) und wurde seit 1976 bereits zum vierten Mal geändert. Das EnEG 2013 eröffnete der verschärften Energieeinsparverordnung EnEV 2014 im Herbst 2013 den parlamentarischen Weg zur Novellierung. Die beschlossene neue EnEV 2014 bezieht sich zum Beispiel im § 27 EnEV „Ordnungswidrigkeiten" direkt auf die Bußgeldvorschriften des neuen EnEG 2013.
- Die Verordnung über Arbeitsstätten (ArbStättV) – (Arbeitsstättenverordnung), letzte Änderung 12. August 2004, dient der Sicherheit und dem Gesundheitsschutz der Beschäftigten beim Einrichten und Betreiben von Arbeitsstätten.
- Die Bauministerkonferenz (ARGEBAU) hat mit Stand vom 17. November 2005 die Muster-Richtlinie über brandschutztechnische Anforderungen an Leitungsanlagen (Muster-Leitungsanlagen-Richtlinie MLAR) veröffentlicht.
- Die DGUV-Vorschriften der Deutschen Gesetzlichen Unfallversicherung (früher berufsgenossenschaftliche Vorschriften – BGV) sind die von der deutschen Berufsgenossenschaft erlassenen Unfallverhütungsvorschriften. Dies sind die allgemeinen Vorschriften:
  - DGUV-Vorschrift 1 Grundsätze der Prävention 2004, aktualisierter Nachdruck 2009,
  - DGUV-Vorschrift 3 Elektrische Anlagen und Betriebsmittel, aktualisierte Fassung 2005.

Als wichtigste BG-Vorschrift gilt die DGUV-Vorschrift 1 „Grundsätze der Prävention", die mit Inkrafttreten am 1. Januar 2004 viele Unfallverhütungsvorschriften ersetzte. Die Verantwortung für die Umsetzung der DGUV-Vorschriften liegt bei den Unternehmern, die die DGUV-Vorschriften gerne als Referenz für den jeweiligen Stand der Technik konsultieren.

Darüber hinaus sind die allgemeinen Regeln der Technik nach DIN EN 45020 zu beachten. Das sind technische Festlegungen, die von einer Mehrheit repräsentativer Fachleute als Wiedergabe des Stands der Technik angesehen wird. Ein normatives Dokument zu einem technischen Gegenstand wird zum Zeitpunkt seiner Annahme als der Ausdruck einer anerkannten Regel der Technik anzusehen sein, wenn es in Zusammenarbeit der betroffenen Interessen durch Umfrage- und Konsensverfahren erzielt wurde.

Für die Öffentlichkeit zugängliche Normen sind:

- die DIN-Normen,
- die VDE-Bestimmungen,

- die europäischen Normen (CENELEC),
- die Richtlinien des Verbands der Sachversicherer (VdS),
- die Technischen Anschlussbedingungen der Elektroversorgungsunternehmen (TAB),
- das europäische Gemeinschaftsrecht.

Alle vorgenannten Gesetze und Verordnungen sowie die allgemein anerkannten Regeln der Technik sollen das Sicherheitsrisiko, das es in der Technik wie auch in allen anderen Bereichen des Lebens gibt, auf ein vertretbares Maß reduzieren. Für die Planung und Errichtung von elektrischen Anlagen in Krankenhäusern und anderen medizinischen Einrichtungen sind vor allem, neben anderen VDE-Bestimmungen, folgende Normen zu beachten:

DIN VDE 0100-410 „Errichten von Niederspannungsanlagen – Teil 4-41: Schutzmaßnahmen – Schutz gegen elektrischen Schlag“ (siehe Kapitel 4 dieses Buchs),

DIN VDE 0100-710 „Errichten von Niederspannungsanlagen – Anforderungen für Betriebsstätten, Räume und Anlagen besonderer Art – Teil 710: Medizinisch genutzte Bereiche“ (siehe Kapitel 8 dieses Buchs).

7.1.1 DGUV-Vorschrift 3 – Elektrische Anlagen- und Betriebsmittelprüfung nach BetrSichV und DIN VDE 0701-0702

Die berufsgenossenschaftliche Vorschrift für Sicherheit und Gesundheit bei der Arbeit DGUV-Vorschrift 3 „Elektrische Anlagen und Betriebsmittel – Unfallverhütungsvorschrift“, die 1979 zum ersten Mal veröffentlicht und zuletzt 2005 aktualisiert wurde, regelt die **gesetzlichen Anforderungen** an die Prüfung ortsveränderlicher und ortsfester Elektrogeräte, Anlagen und Betriebsmittel und ist Pflicht. Der Gesetzgeber hat diese Vorschrift in das Siebte Sozialgesetzbuch (SGB VII) übernommen (§ 209 Abs. 1 Nr. 1 SGB VII).

Dort geregelt ist auch die Prüfung elektrischer Medizingeräte und die Pflegebettenprüfung nach DGUV-Vorschrift 3, DIN EN 62353 (**VDE 0751-1**). Die Prüfungen der elektrischen Anlagen gemäß DIN EN 62353 (**VDE 0751-1**), DIN VDE 0701-0702, DGUV-Vorschrift 3 dürfen nur von speziell ausgebildeten Personen durchgeführt werden, die einer ständigen Aus- und Weiterbildung unterliegen. Weiterhin dürfen nur für diese Prüfungen zugelassene, geprüfte und kalibrierte Messgeräte zum Einsatz kommen.

Jeder, der aufgrund seiner Qualifikation oder seiner technischen Ausstattung nicht in der Lage ist, die Dokumentation zu den o. g. Prüfungen und Maßnahmen mit ruhigem Gewissen zu unterschreiben, ist gut beraten, die Hilfe von sachkundigen Personen in Anspruch zu nehmen. Das Haftungsrisiko ist ansonsten nicht kalkulierbar. Der Betreiber ist für den Betrieb verantwortlich!

7.2 Das Sicherheitskonzept in medizinisch genutzten Bereichen

Elektrische Anlagen in medizinisch genutzten Bereichen unterliegen außergewöhnlichen Anforderungen, weil Leben oder Gesundheit des Patienten bereits gefährdet sein können, wenn sehr kleine Ströme durch seinen Körper fließen oder wenn lebenserhaltende Geräte ausfallen, mit denen er untersucht, überwacht oder behandelt wird. Bei der Festlegung der sicherheitstechnischen Anforderungen ist zu berücksichtigen, dass Patienten fest mit Teilen elektromedizinischer Geräte verbunden sein können, ihr Hautwiderstand anwendungsbedingt durchbrochen sein kann, ihr Abwehrvermögen bei Analgesie herabgesetzt oder bei Anästhesie ausgeschaltet ist und bei Anwendungen von Geräteteilen im oder am Herzen wegen der hohen Stromempfindlichkeit des Herzinnenmuskels (Ströme größer 10 μA) eine besondere Gefährdung gegeben ist [7.2].

Der Schweizerische Verein für Spitalingenieure veröffentlichte 1991 ein Dokument für elektrische Anlagen in medizinisch genutzten Räumen [7.3]. Diesem Papier, das noch immer aktuell ist, sind einige Grundlagen der technischen Schutzziele im Krankenhaus entnommen.

Die Formulierung von Schutzzielen und Maßnahmen setzt voraus, dass die Gefahren und Risiken von technischen Systemen bekannt sind. Das Gefahrenbild ergibt sich im Prinzip aufgrund der vielfältigen Gefahrenquellen, die in technisierten Bereichen beim Einsatz von Geräten auftreten können:

- elektrische Energie,
- mechanische Energie,
- zu hohe Temperaturen,
- Feuer,
- Chemikalien,
- Mikroorganismen,
- Ausfall von Gerätefunktionen,
- Bedienungsfehler.

Die Gefahrenquellen bedeuten Risiken für die Patienten, für das Personal wie auch für die Gebäude. Dabei ist ein Teil der Patienten besonders gefährdet, weil

- normale Reaktionen fehlen (z. B. infolge Narkose),
- Kontakt direkt mit Körperinnerem über Sonden hergestellt wird (z. B. Katheter in Blutbahn), wodurch die normale Schutzwirkung der Haut umgangen wird,
- gleichzeitig viele Geräte mit dem Patienten verbunden werden,
- lebenswichtige Körperfunktionen durch Geräte ersetzt oder unterstützt werden, die von den Versorgungsanlagen (Strom, Gase) abhängen.

In dem Dokument wird das Gefahrenbild der Technik im Krankenhaus beschrieben: Das Ziel aller Sicherheitsmaßnahmen ist die Sicherheit für Patienten, Personal und Anlagen. Dabei definieren wir die Sicherheit wie folgt: Sicherheit ist die hinreichende, an die Verhältnisse angepasste Gefährdungsfreiheit.

Sicherheit kann auch als der „Grad der Minimierung der Risiken" beschrieben werden.

Sicherheit ist also keine absolute, sondern eine relative Größe; eine komplette Ausschaltung aller Gefahren ist unmöglich. In jedem Fall müssen bei Festlegung der Sicherheitsziele (**Bild 7.1**) die Verhältnisse, dic am Ort des Einsatzes der Technik herrschen, berücksichtigt werden (Prinzip der Verhältnismäßigkeit).

Das Ziel der Sicherheit für Patienten, Personal und Anlagen kann nur dann erreicht werden, wenn gleichzeitig die folgenden Forderungen erfüllt werden:

- der Raum und die Installationen sind sicher,
- die Geräte sind sicher,
- die Verfahren und die Handhabung der Geräte werden beherrscht,
- die Hygienevorschriften werden befolgt.

Zur Erreichung dieser Ziele ist ein gerütteltes Maß an Verantwortungsbewusstsein, Wissen und Können, Arbeitseinsatz, Ausdauer sowie auch Wille zur Zusammenarbeit bei allen Beteiligten notwendig.

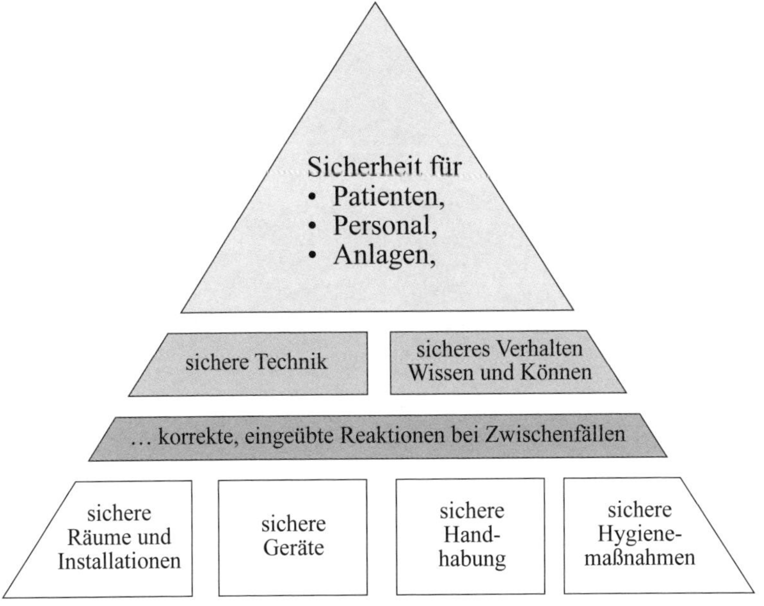

Bild 7.1 Sicherheitsziele im technisierten Krankenhaus

7.3 Literatur

[7.1] DGUV-Vorschrift 3 – Elektrische Anlagen und Betriebsmittel. Vom 1. April 1979, in der Fassung vom 1. Januar 1997, mit Durchführungsanweisungen vom Oktober 1996; aktualisierte Nachdruckfassung 2005, Deutsche Gesetzliche Unfallversicherung – DGUV (Hrsg.). Köln: Carl Heymanns Verlag, 2005

[7.2] *Streu, K. B.*: Elektrische Sicherheit im Krankenhaus. Hellige-Beiträge für die Medizin Bd. 4. Freiburg (im Breisgau): Hellige GmbH, 1977

[7.3] Elektrische Anlagen in medizinisch genutzten Räumen. Genf/Schweiz: Schweizerischer Verein der Spitalingenieure – SVSI, 1991

8 Stromversorgungssysteme in medizinisch genutzten Bereichen nach DIN VDE 0100-710:2012-10

Dieses Kapitel beabsichtigt nicht, alle Details der angesprochenen Norm zu erläutern. Vielmehr soll, nach Schwerpunkt dieses Buchs, das ungeerdete IT-System, hier in der medizinischen Anwendung, erläutert werden. Es ist ratsam, neben dem medizinischen IT-System beschriebenen Anforderungen weitere Anforderungen der Originalnorm zu entnehmen.

Im Oktober 2012 erschien die zweite Ausgabe der DIN VDE 0100-710 „Errichten von Niederspannungsanlagen – Teil 7-710: Anforderungen für Betriebsstätten, Räumen und Anlagen besonderer Art – Medizinisch genutzte Bereiche“.

Nach Abkommen enthält diese Norm die deutsche Übernahme des europäischen Harmonisierungsdokuments HD 60364-7-710:2012, deren Grundlage die internationale Norm IEC 60364-7-710:2002 „Low-voltage electrical installations – Part 7-710: Requirements for special installations or locations – Medical locations“ ist.

Für diese Norm ist das nationale Arbeitsgremium UK 221.4 „Elektrische Anlagen in medizinischen Einrichtungen“ der DKE Deutsche Kommission Elektrotechnik Elektronik Informationstechnik im DIN und VDE zuständig.

Gegenüber DIN VDE 0100-710:2002-11 wurden folgende wesentlichen Änderungen vorgenommen:

- Abschnitt Begriffe modifiziert,
- Hinweis auf eine notwendige Risikobetrachtung bezüglich der sicheren Stromversorgung für ME-Geräte (medizinische elektrische Geräte),
- Ausweitung der Nennung der Verbraucher, die an eine Stromquelle für Sicherheitszwecke mit einer Umschaltzeit von höchstens 0,5 s angeschlossen werden müssen,
- Aufnahme der Forderung nach der Festlegung der maximalen Anzahl von Steckdosen für den Stromkreis, der mit einer Fehlerstromschutzeinrichtung (RCD) mit einem Auslösestrom nicht größer 30 mA geschützt ist,
- Steckdosen, die von der Stromquelle für Sicherheitszwecke versorgt werden, müssen, auch bezüglich ihrer Einteilung in die entsprechenden Klasse, leicht erkennbar sein,
- Reduzierung der Nennung von elektrischen Verbrauchsmitteln, die an die Stromversorgung für Sicherheitszwecke angeschlossen werden müssen,
- Liste möglicher Stromquellen für Sicherheitszwecke ist entfallen,
- Verlängerung der Prüffrist für den Funktionstest der Umschalteinrichtung auf zwölf Monate,
- Angleichung des formalen Aufbaus/der Abschnittsnummerierung an die aktuell gültigen Teile 100 bis 600,
- Aktualisierung der Verweisungen.

8.1 Entwicklung und Hintergründe des Normprojekts

8.1.1 Hintergrund der DIN VDE 0100-710

Zur Entwicklung und zum Hintergrund der Norm veröffentlichte die DKE im Juni 2004 folgenden Text:

„Beginn der Überführung

Schon 1985 entschied das für die Normenreihe zuständige DKE-Gremium (damals Komitee 227, heute Unterkomitee 221.4 „Elektrische Anlagen in medizinischen Einrichtungen“), die Norminhalte der Reihe DIN VDE 0107 „Starkstromanlagen in Krankenhäusern und medizinisch genutzten Räumen außerhalb von Krankenhäusern“ als Normungsantrag bei IEC einzuspeisen. Man versprach sich daraus den Vorteil, die weltweit anstehenden Diskussionen auf Basis des in Deutschland Bewährten zu führen.

Die DIN VDE 0107 war rein national aufgrund guter praktischer Erfahrungen gewachsen. Ihre Systematik war jedoch international nicht verständlich zu machen, sodass man sich entschied, die Norminhalte der DIN VDE 0107 entsprechend der üblichen Form für Sonderbestimmungen der Publikation IEC 60364 „Electrical installations of buildings“ umzustrukturieren. Dort sind die Anforderungen für Betriebsstätten, Räume und Anlagen besonderer Art in Teil 7 „Requirements for special installations or locations“ der IEC 60364 zu finden, deren nationale Umsetzung in Deutschland in Gruppe 700 der Normenreihe DIN VDE 0100 „Errichten von Niederspannungsanlagen“ erfolgt.

Mitte der 1980er-Jahre wurde somit eine entsprechend umstrukturierte Form des Inhalts der in Entwicklung befindlichen DIN VDE 0107:1989-11 „Starkstromanlagen in Krankenhäusern und medizinisch genutzten Räumen außerhalb von Krankenhäusern“ als Normungsantrag (new work item proposal) für eine Publikation IEC 60364-7-710 „Electrical installations of buildings – Part 7: Requirements for special installations or locations – Medical locations“ in die Arbeit der IEC eingespeist. Das deutsche Komitee stellte in der für die Projektentwicklung gegründeten „working group“ IEC/TC 64/WG 26 den Projektleiter.

Das Projekt stand von vornherein in engem Zusammenhang mit den grundlegenden Anforderungen an elektrische Anlagen für Sicherheitszwecke: IEC 60364-5-56:1999-01 „Electrical installations of buildings – Part 5: Selections and erection of electrical equipment – Chapter 56: Safety services“, veröffentlicht in Deutschland zuletzt in DIN VDE 0100-560:1995-07 „Errichten von Starkstromanlagen mit Nennspannungen bis 1 000 V – Teil 5: Auswahl und Errichtung elektrischer Betriebsmittel – Kapitel 56: Elektrische Anlagen für Sicherheitszwecke (IEC 364-5-56:1980, modifiziert); Deutsche Fassung HD 384.5.56 S1:1985)“.

8.1.2 Hintergrund der internationalen Norm IEC 60364-7-710

Herausgabe der internationalen Norm IEC 60364-7-710

Die Entwicklung bei der IEC wurde vom UK 221.4 (früher K 227) der DKE Deutsche Kommission Elektrotechnik Elektronik Informationstechnik begleitet. Wichtige Erfahrungen für das deutsche Vorgehen brachten die Veröffentlichungen der Entwürfe DIN IEC 64 (Sec) 629 (**VDE 0100-710**):1993-04 und DIN IEC 64/1043/CD (**VDE 0100-710**):1999-07. Die lange und schwierige Diskussion in IEC/TC 64/WG 26 wurde mit der veröffentlichten internationalen Norm IEC 60364-7-710:2002-11 „Electrical installations of buildings – Part 7-710: Requirements for special installations or locations – Medical locations" abgeschlossen.

Nach den Jahren der praktischen Erfahrung mit der vorgenannten Norm wurde auf europäischer Ebene bei CENELEC die Überarbeitung der IEC 60364-7-710 beschlossen, mit dem Ziel der Erstellung eines europäischen Harmonisierungsdokuments.

Das Ergebnis ist das Dokument HD 60364-7-71:2012-12 und besteht aus dem Text von IEC 60364-7-710:2002, bearbeitet von IEC/TC 64 „Electrical installations and protection against electric shock", zusammen mit gemeinsamen Abänderungen, erarbeitet von CLC/TC 64 „Elektrische Anlage und Schutz gegen elektrischen Schlag".

Dieses Harmonisierungsdokument wurde von der CENELEC am 9. Januar 2012 angenommen. Die CENELEC-Mitglieder sind gehalten, die CEN/CENELEC-Geschäftsordnung zu erfüllen, in der die Bedingungen für die Übernahme dieses Harmonisierungsdokuments auf nationaler Ebene festgelegt sind.

Auf dem letzten Stand befindliche Listen dieser nationalen Übernahmen mit ihren bibliografischen Angaben sind beim Zentralsekretariat oder bei jedem CENELEC-Mitglied auf Anfrage erhältlich. Dieses Harmonisierungsdokument ist in drei offiziellen Fassungen (Deutsch, Englisch, Französisch) verfügbar.

CENELEC-Mitglieder sind die nationalen elektrotechnischen Komitees von Belgien, Bulgarien, Dänemark, Deutschland, Estland, Finnland, Frankreich, Griechenland, Irland, Italien, Kroatien, Lettland, Litauen, Luxemburg, Malta, den Niederlanden, Norwegen, Österreich, Polen, Portugal, Rumänien, Schweden, der Schweiz, der Slowakei, Slowenien, Spanien, der Tschechischen Republik, der Türkei, Ungarn, dem Vereinten Königreich und Zypern.

8.2 Einleitung zu DIN VDE 0100-710:2012-10

Die Einleitung weist darauf hin, dass die Anforderungen dieses Teils der Normenreihe DIN VDE 0100 bestimmte allgemeine Anforderungen, der Teile 100 bis 600 der Normen der Reihe DIN VDE 0100 ergänzen, ändern oder ersetzen.

Die Abschnittsnummerierung von Teil 710 erfolgt nach dem Muster und den entsprechenden Verweisungen der Teile 100 bis 600 der Normen der Reihe DIN VDE 0100. Die Abschnittsnummerierung hinter „710" bezieht sich auf entsprechende Teile oder Abschnitte der Normen der Reihe DIN VDE 0100, Teile 100 bis 600 und Teile 7*xx* zum Zeitpunkt der Entstehung dieser Norm, die datiert unter „Normative Verweisungen" aufgelistet sind.

In medizinisch genutzten Bereichen ist es notwendig, die Sicherheit der Patienten sicherzustellen, für die die Anwendung von ME-Geräten (medizinisch elektrischen Geräten) infrage kommt. Für jede Tätigkeit oder Funktion in einem medizinisch genutzten Bereich sind die besonderen Anforderungen für die Sicherheit zu berücksichtigen. Die Sicherheit kann erreicht werden durch Sicherstellen einer sicheren Anlage sowie des sicheren Betriebs und der Wartung der angeschlossenen ME-Geräte. Die Anwendung von ME-Geräten an Patienten während der Intensivpflege verlangt eine erhöhte Zuverlässigkeit und Sicherheit der elektrischen Anlagen in Krankenhäusern. Die Errichtung der Stromversorgung nach dieser Norm soll die Sicherheit und die Kontinuität der Stromversorgung verbessern. Abweichungen von dieser Norm, die die Sicherheit und Zuverlässigkeit weiter verbessern, sind zulässig.

8.3 Medizinisch genutzte Bereiche – Anwendungsbereich der DIN VDE 0100-710:2012-10

Die besonderen Anforderungen dieses Teils der Normen der Reihe DIN VDE 0100 sind für elektrische Anlagen in medizinisch genutzten Bereichen anzuwenden, um die Sicherheit für die Patienten und das medizinische Personal sicherzustellen. Diese Anforderungen beziehen sich hauptsächlich auf Krankenhäuser, Privatkliniken, Arzt- und Zahnarztpraxen, medizinische Versorgungszentren und zweckbestimmte medizinische Räume und Arbeitsstätten.

Die Anforderungen dieser Norm sind nicht anzuwenden für medizinisch elektrische ME-Geräte.

Dieser Teil ist auch für elektrische Anlagen in Bereichen der medizinischen Forschung anzuwenden.

Es kann erforderlich sein, die bestehende elektrische Anlage nach dieser Norm zu verändern, wenn eine Änderung der Raumnutzung erfolgt. Besondere Vorsicht ist dort geboten, wo intrakardiale Eingriffe in bestehenden Anlagen ausgeführt werden.

Wo anwendbar, kann diese Norm auch in veterinärmedizinischen Kliniken verwendet werden.

Für ME-Geräte und ME-Systeme wird auf die Normen der Reihe DIN EN 60601 (**VDE 0750**) verwiesen.

Die Norm weist darauf hin, dass andere Installationen den Sicherheitsstandard der elektrischen Anlage nicht beeinträchtigen sollten. Diese Anforderungen betreffen elektrische Anlagen für medizinisch genutzte Bereiche beispielsweise in:

- Krankenhäusern und Kliniken (auch Container-Bauweise),
- Sanatorien und Kurklinik,
- ausgewiesenen Bereichen in Senioren- und Pflegeheimen, in denen Patienten einer ärztlichen Behandlung unterzogen werden,
- Ärztehäuser, Polikliniken und Ambulatorien, Unfallstationen,
- sonstigen ambulanten Einrichtungen (Betriebs-, Sport- u. a. Ärzte).

8.4 Bestimmung allgemeiner Merkmale

Der Abschnitt „Bestimmung allgemeiner Merkmale“ ist in DIN VDE 0100-100 enthalten (siehe Kapitel 3 dieses Buchs).

Hinzu kommt die Forderung, dass die Einteilung der medizinisch genutzten Bereiche in die Gruppen mit dem medizinischen Personal und dem/den Verantwortlichen für die Arbeitssicherheit vereinbart werden muss. Bei der Festlegung der Gruppeneinteilung eines medizinisch genutzten Bereichs ist es notwendig, dass das medizinische Personal aufzeigt, welche medizinischen Verfahren innerhalb des jeweiligen Bereichs durchgeführt werden. Basierend auf dem vorgesehenen Einsatz ist die geeignete Einteilung der Bereiche zu ermitteln.

Der Einteilung eines medizinischen genutzten Bereichs soll die Art des Kontakts zwischen den Anwendungsteilen und dem Patienten sowie der Zweck, für den der Bereich genutzt wird, zugrunde liegen (Beispiele für die Zuordnung der Gruppennummer und Einteilung der Sicherheitsstromversorgung für medizinisch genutzte Bereiche siehe Anhang B).

Um den Schutz der Patienten vor möglicher elektrischer Gefährdung sicherzustellen, müssen zusätzliche Schutzmaßnahmen in medizinisch genutzten Bereichen gelten. Die Art und Beschreibung dieser Gefährdung kann entsprechend der durchgeführten Behandlung unterschiedlich sein. Der Zweck, für den ein Platz verwendet wird, kann einen Bereich mit unterschiedlichen Zuordnungen (Gruppe 0, 1 oder 2) für unterschiedliche medizinische Verfahren rechtfertigen.

Die Anwendungsteile sind durch die Normen mit den besonderen Festlegungen für ME-Geräte definiert.

Die Möglichkeit, dass gewisse medizinische Bereiche für unterschiedliche Anwendungen benutzt werden können, die eine höhere Gruppe erfordern, sollte von der verantwortlichen Projektleitung festgelegt werden.

8.5 Begriffe und Definitionen der Gruppen von medizinisch genutzten Bereichen

Zum besseren Verständnis werden hier die Begriffe erläutert. Dieser Terminus hieß in früheren Ausgaben deutscher Normen „Anwendungsgruppe“ oder „Gefährdungsgrad“. In DIN VDE 0100-710:2012-10 werden medizinisch genutzte Bereiche in drei Gruppen unterteilt. Damit sollen die Gruppen vor allem die Qualität der Infrastruktur bezüglich der elektrischen Anlage und ihrer Stromversorgungssicherheit in bestimmten Bereichen eines medizinisch genutzten Gebäudes benennen. **Tabelle 8.1** zeigt als Beispiel die Zuordnung von medizinischen Bereichen/Raumarten zu Gruppen und zur Sicherheitsstromversorgung nach zulässigen Unterbrechungszeiten:

- Gruppe 0
  medizinisch genutzter Bereich, in dem Anwendungsteile zum Einsatz nicht vorgesehen sind und in dem eine Unterbrechung (Fehler) in der Stromversorgung eine Lebensgefahr nicht verursachen kann
  [Begriff 710.3.5], **Bild 8.1**;

- Gruppe 1
  medizinisch genutzter Bereich, in dem die Unterbrechung der Stromversorgung eine Bedrohung für die Sicherheit des Patienten nicht darstellt und in dem Anwendungsteile wie folgt eingesetzt werden:
  - äußerlich;
  - invasiv zu jedem beliebigen Teil des Körpers, ausgenommen in Gruppe 2

  [Begriff 710.3.6], **Bild 8.2**;

- Gruppe 2
  medizinisch genutzter Bereich, in dem Anwendungsteile wie folgt eingesetzt werden:
  - intrakardiale Verfahren oder
  - lebenswichtige Behandlung und chirurgische Operationen, wo eine Unterbrechung (Fehler) in der Stromversorgung Lebensgefahr verursachen kann.

  Anmerkung 1 zum Begriff

  Ein intrakardiales Verfahren ist ein Verfahren, bei dem ein elektrischer Leiter, der außerhalb des Körpers des Patienten zugänglich ist, innerhalb des Herzens eines Patienten untergebracht wird oder eventuell in Kontakt mit dem Herz kommt. In diesem Zusammenhang schließt ein elektrischer Leiter solche isolierte Leiter ein wie Schrittmacherelektroden, EKG-Elektroden oder isolierte Schläuche, die mit leitender Flüssigkeit gefüllt sein.

  [Begriff 710.3.7], **Bild 8.3**.

Medizinisch genutzter Bereich		**Gruppe**			**Klasse**	
		0	**1**	**2**	**≤ 0,5 s**	**> 0,5 s ≤ 15 s**
1.	Massageraum	×	×			×
2.	Bettenraum		×			×
3.	Entbindungsraum		×		×[a]	×
4.	ECG-, EEG-, EHG-Raum		×			×
5.	Endoskopieraum		×[b]		×	×[b]
6.	Untersuchungs- und Behandlungsraum		×		×	×
7.	Urologieraum		×[b]		×	×[b]
8.	Radiologischer Diagnostik- und Behandlungsraum		×			×
9.	Hydrotherapieraum		×			×
10.	Physiotherapieraum		×			×
11.	Anästhesiebereich			×	×[a]	×
12.	Operationssaal			×	×[a]	×
13.	Operationsvorbereitungsraum			×	×[a]	×
14.	Operationsraum			×	×[a]	×
15.	Aufwachraum			×	×[a]	×
16.	Herzkatheterraum			×	×[a]	×
17.	Intensivpflegeraum			×	×[a]	×
18.	Angiografieuntersuchungsraum			×	×[a]	×
19.	Hämo-Dialyseraum		×			×
20.	Magnetresonanzbildgebungsraum (MRI)		×	×	×	×
21.	nuklearmedizinischer Raum		×			×
22.	Frühgeborenenraum			×	×[a]	×
23.	Zwischenpflegestation (IMCU)			×	×	×

[a] Beleuchtungs- und lebenswichtige medizinische elektrische Einrichtungen, die eine Stromversorgung innerhalb von 0,5 s oder schneller benötigen.
[b] Wenn es kein Operationssaal ist.

Tabelle 8.1 Beispiel für die Zuordnung von Gruppennummern und Einteilung der Stromversorgung für Sicherheitszwecke von medizinisch genutzten Bereichen (nach DIN VDE 0100-710:2012-10, Tabelle B.1)

Bild 8.1 Schematische Darstellung der Gruppe 0 „Medizinisch genutzter Bereich“

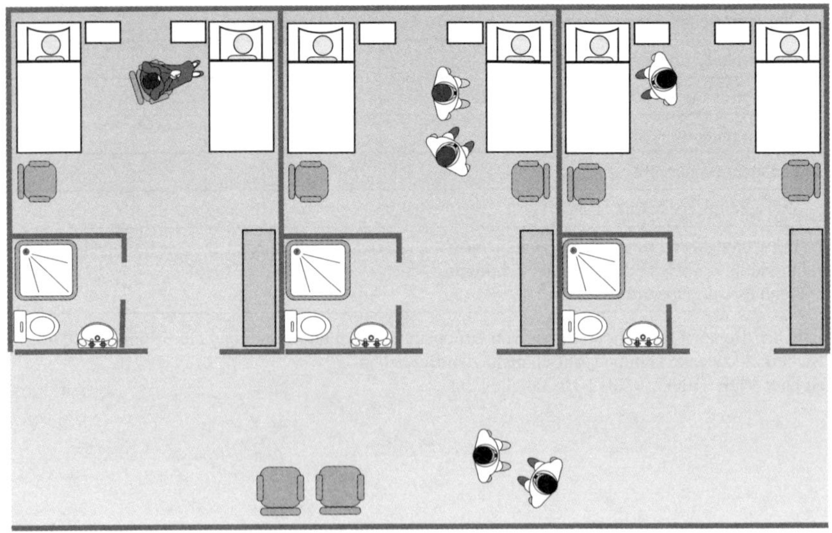

Bild 8.2 Schematische Darstellung der Gruppe 1 „Medizinisch genutzter Bereich“

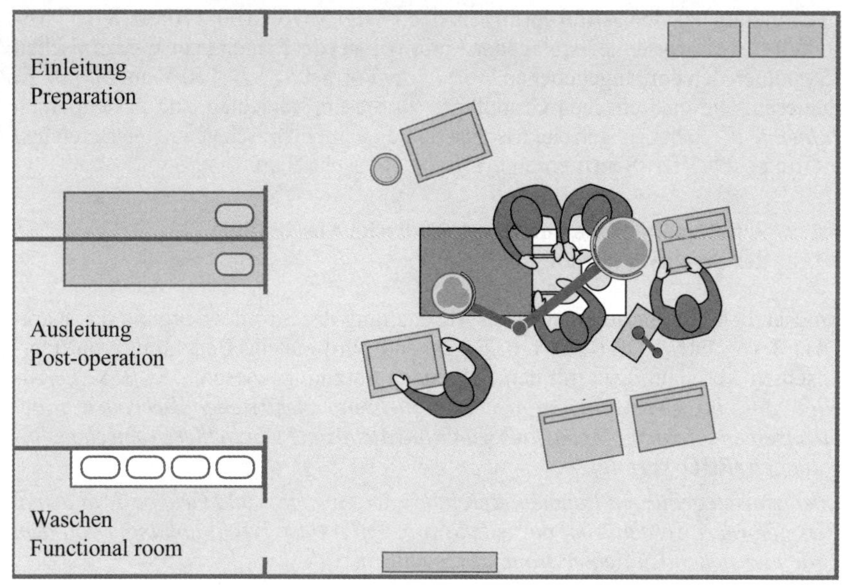

Bild 8.3 Schematische Darstellung der Gruppe 2 „Medizinisch genutzter Bereich"

8.6 Zweck, Stromversorgung und Aufbau der Anlage

In 710.31 wird auf Systeme nach Art der Erdverbindung hingewiesen. Die Erläuterungen dazu sind in den Kapiteln 2 und 3 dieses Buchs zu finden. Zusätzlich ist in 710.312.2 jedoch ausgesagt, dass das TN-C-System in medizinisch genutzten Bereichen ab dem Hauptverteiler nicht zulässig ist.

Allgemein gilt, dass in medizinisch genutzten Räumen Stromversorgungen und Verteilungssysteme so geplant und errichtet werden, dass die automatische Umschaltung von der allgemeinen Stromversorgung auf die Stromquelle für Sicherheitszwecke zur Versorgung wichtiger Verbraucher erleichtert wird. Die gilt in Übereinstimmung mit DIN VDE 0100-560:2011-03.

8.6.1 Schutzmaßnahmen – Schutz gegen elektrischen Schlag

Es gelten grundsätzlich die Anforderungen nach DIN VDE 0100-410 mit folgenden Maßnahmen, die nicht anwendet werden dürfen: Der Schutz durch: „Hindernisse", „Anordnung außerhalb des Handbereichs", „nicht leitende Umgebung", „erdfreien örtlichen Potentialausgleich" und Schutztrennung mit mehr als einem Verbraucher.

In Ergänzung zu den Anforderungen nach DIN VDE 0100-410:2018-10, Abschnitt 411.6 „IT-Systeme“ schlägt der Autor vor, bei der Planung von medizinischen IT-Systemen den dort angegebenen Wert in der Formel $R_A \cdot I_d \leq 50$ V auf 50 mV zu reduzieren. Die theoretischen Grundlagen zu diesem Vorschlag sind in dem Buch „*Hofheinz, W.*: Schutz gegen elektrischen Schlag in medizinisch genutzten Bereichen der Gruppe 2“ (VDE-Schriftenreihe 170) [8.1] beschrieben.

8.6.2 Schutzmaßnahme durch automatische Abschaltung der Stromversorgung

Grundsätzlich gilt zur automatischen Abschaltung der Stromversorgung das Kapitel 411.3 von DIN VDE 0100-410. Ergänzend wird auf die Bedeutung von unerwünschten Abschaltungen mit dem folgenden Satz hingewiesen: *„Es ist sicherzustellen, dass bei gleichzeitigem Anschluss mehrerer elektrischer Verbrauchsmittel an demselben Stromkreis keine unerwünschte Auslösung von Fehlerstromschutzeinrichtungen (RCDs) erfolgt.*

In medizinisch genutzten Räumen, Bereichen der Gruppe 1 und Gruppe 2, in denen RCDs gefordert werden, sind nur solche vom Typ A oder Typ B, abhängig von dem möglich entstehenden Fehlerstrom, auszuwählen.“

Wo das TN-System nach 710.411.4 für Erdstromkreise mit Überstromschutzeinrichtungen bis 32 A in medizinisch genutzten Bereichen der Gruppe 1 angewendet wird, sind Fehlerstromschutzeinrichtungen (RCDs) mit einem Auslösestrom nicht über 30 mA anzuwenden. In medizinisch genutzten Bereichen der Gruppe 2 (außer für das medizinische IT-System) darf der Schutz durch automatische Abschaltung der Stromversorgung mit einem RCD mit einem Auslösestrom nicht über 30 mA nur in folgenden Stromkreisen angewendet werden:

- Stromkreise für Versorgung von OP-Tischen,
- Stromkreise für Röntgengeräte,
- Stromkreise für elektrische Verbrauchsmittel mit einer Nennleistung größer 5 kVA.

Weitere Details sind der Norm zu entnehmen.

Das TT-System ist nur in medizinisch genutzten Bereichen der Gruppe 1 erlaubt, wird jedoch selten angewendet. In medizinisch genutzten Bereichen der Gruppe 2 ist das TT-System grundsätzlich nicht zulässig.

8.7 Medizinisches IT-System

Grundsätzlich gelten für das medizinische IT-System die Forderungen von DIN VDE 0100-410:2018-10, Abschnitt 411.6.

In medizinisch genutzten Bereichen der Gruppe 2 muss das medizinische IT-System für Endstromkreise angewendet werden, die ME-Geräte und ME-Systeme versorgen, die für lebenserhaltende Funktionen, chirurgische Anwendungen und andere in der „Patientenumgebung" angeordnete elektrische Geräte eingesetzt werden, mit Ausnahme der in 710.411.4 genannten Geräte.

Bild 8.4 zeigt den Aufbau eines medizinischen IT-Systems.

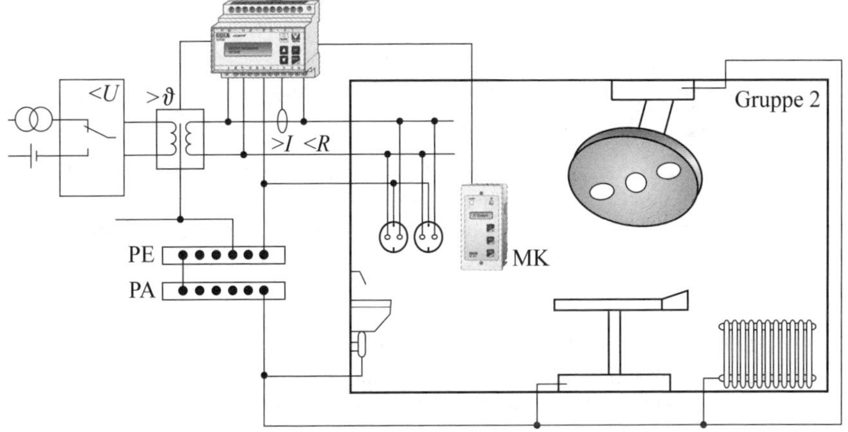

Bild 8.4 Aufbau eines ungeerdeten IT-Systems für medizinisch genutzte Bereiche der Gruppe 2

Für jede Raumgruppe, die derselben Funktion dient, ist mindestens <u>ein</u> separates medizinisches IT-System gefordert. Das medizinische IT-System muss mit einer Isolationsüberwachungseinrichtung (IMD) in Übereinstimmung mit DIN EN 61557-8 (**VDE 0413-8**):2015-12, Anhang A und Anhang B, ausgerüstet werden (**Bild 8.5**).

Im Anhang A der Norm sind Isolationsüberwachungsgeräte für medizinische Bereiche (MED-IMD) beschrieben. Dieser Anhang legt Anforderungen an Isolationsüberwachungsgeräte (MED-IMD) fest, die dauernd den Isolationswiderstand von ungeerdeten IT-Wechselspannungssystemen in medizinisch genutzten Bereichen der Gruppe 2 gegen Erde überwachen.

Die Isolationsfehlermeldung muss spätestens dann erfolgen, wenn der Isolationswiderstand R_F auf 50 kΩ abgesunken ist. Eine Prüfeinrichtung muss vorhanden sein. Bei MED-IMD mit einstellbarem Einstellwert muss die niedrigste Einstellung ≥ 50 kΩ betragen.

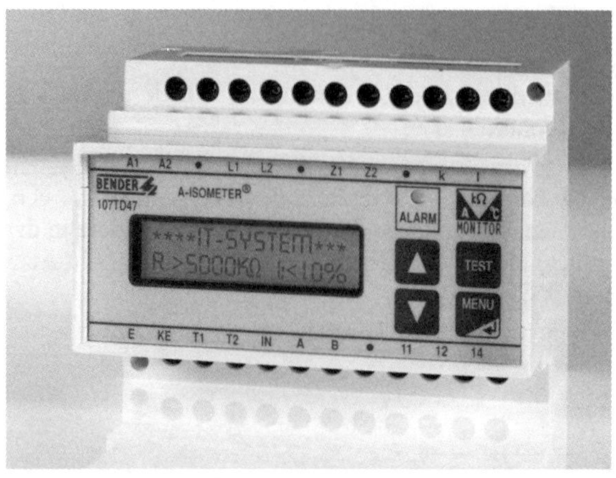

Bild 8.5 Isolationsüberwachungsgerät mit integrierter Last- und Temperaturmessung 107TD47
Bild: Fa. Bender, Grünberg

Für jedes IT-System muss ein akustisches und visuelles Alarmsystem (**Bild 8.6**) an einem zweckmäßigen Platz vorgesehen werden, das dauerhaft durch das medizinische Personal überwacht werden kann (akustische und visuelle Signale) und überdies an das technische Personal die Signale weiterleitet in Verbindung mit den nachstehenden Komponenten:

- einer grünen Signallampe zur Anzeige des Normalbetriebs;
- einer gelben Signallampe, die leuchtet, wenn der minimale Wert des Isolationswiderstands erreicht ist. Es darf nicht möglich sein, dieses Signal zu löschen oder auszuschalten;
- einem akustischen Alarm, welcher ertönt, wenn der minimale Wert des Isolationswiderstands erreicht ist. Dieser akustische Alarm darf stumm geschaltet werden;
- das gelbe Signal muss nach der Fehlerbeseitigung erlöschen, d. h. wenn die Normalbedingungen wieder hergestellt sind.

Im medizinischen Bereich muss eine leicht lesbare schriftliche Erläuterung einsehbar sein, die enthalten muss: die Bedeutung jeder Art der Signalisierung und die Alarmierung, die im Falle des ersten Fehlers erfolgen muss.

Für den medizinischen IT-Transformator ist die Überwachung von Überlast oder Übertemperatur gefordert.

Wenn eine Isolationsüberwachungseinrichtung (IMD) Überlast und Temperatur anzeigt, sollte diese DIN EN 61557-8 (**VDE 0413-8**):2015-12, Anhang B, entsprechen.

Einrichtungen zur Isolationsfehlersuche, die einen Isolationsfehler in jedem Teil des IT-Systems lokalisieren können, dürfen auch zusätzlich zur Isolationsüberwachungseinrichtung eingebaut werden.

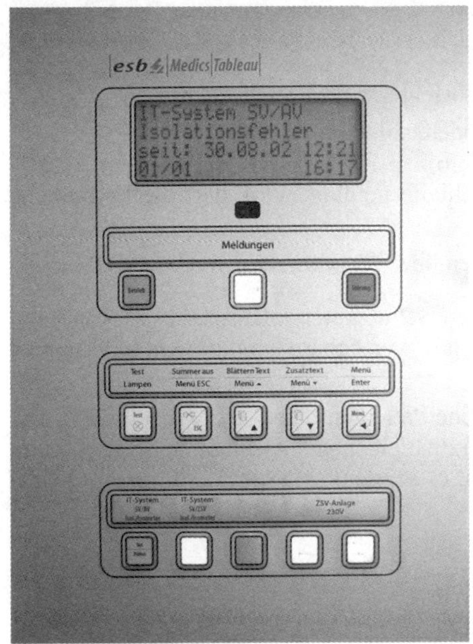

Bild 8.6 Melde- und Bedientableau für medizinisch genutzte Bereiche
Bild: Fa. Bender, Grünberg

Die Einrichtung zur Isolationsfehlersuche muss in Übereinstimmung mit DIN EN 61557-9 (**VDE 0413-9**):2015-10 sein.

8.7.1 Weitere Schutzmaßnahmen

Da der Schwerpunkt dieses Kapitels auf das „medizinische IT-System" gelegt ist, werden die Schutzmaßnahmen Funktionskleinspannung und Kleinspannung mittels SELV und PELV und auch die Schutzmaßnahmen gegen thermische und magnetische Auswirkungen nicht näher betrachtet. Hier ist es empfehlenswert, den Blick in die Originalversion der Norm zu werfen.

8.7.2 Zusätzlicher Schutz: zusätzlicher Schutzpotentialausgleich

Um Spannungsdifferenzen in medizinisch genutzten Bereichen zu minimieren, legt die Norm wichtige Anforderungen fest, die in Abschnitt 710.415.2 aufgelistet sind:

In jedem medizinisch genutzten Bereich der Gruppe 1 und Gruppe 2 muss ein zusätzlicher Schutzpotentialausgleich errichtet und mit der Schutzpotentialausgleichschiene verbunden sein zum Zwecke des Ausgleichs von Potentialdifferenzen zwischen folgenden Teilen, die in der „Patientenumgebung" angeordnet sind:

- Schutzleiter;
- fremde leitfähige Teile;
- Abschirmungen gegen elektrische Störfelder, sofern vorhanden;
- Verbindungen zu geschirmten Fußböden, sofern vorhanden.
  Anmerkung: Wenn wegen der geschirmten Fußbodenverbindung zum zusätzlichen Potentialausgleich eine Erdschleife gebildet wird, darf die Verbindung unberücksichtigt bleiben;
- Metallschirme der IT-Transformatoren über den kürzesten Weg zum PE-Leiter.

Eine ausreichende Zahl von zusätzlichen Schutzpotentialausgleichspunkten zum Anschluss der ME-Geräte muss in Gruppe 2 verfügbar sein und wird in Gruppe 1 empfohlen.

Fest montierte, leitfähige, nicht elektrische Patiententräger, z. B. Operationstische, physiotherapeutische Liegen und Zahnarztpatientenstühle, sollten mit dem Schutzpotentialausgleichsleiter verbunden sein, es sei denn, sie sind bestimmungsgemäß von Erde elektrisch getrennt.

8.8 Transformatoren für medizinische IT-Systeme

Da in Kapitel 8 dieses Buchs der Schwerpunkt auf das medizinische IT-System gelegt wird, ist es wichtig, auch die Anforderungen für Transformatoren für medizinische IT-Systeme aufzuzeigen, wie in Abschnitt 710.512.1.101 der Norm beschrieben.

Die Transformatoren müssen mit DIN EN 61558-2-15 (**VDE 0570-2-15**) übereinstimmen und in unmittelbarer Nähe zum medizinisch genutzten Bereich aufgestellt werden.

Eine maximale Leitungslänge von z. B. 25 m zwischen der Sekundärwicklung des Transformators und dem Strom verbrauchenden Betriebsmittel sollte nicht überschritten werden.

Der Ableitstrom der Sekundärwicklung zur Erde und der Ableitstrom des Gehäuses dürfen, wenn unbelastet gemessen wird und der Betrieb des Transformators mit Bemessungsspannung und Bemessungsfrequenz erfolgt, jeweils nicht größer als 0,5 mA sein.

Sowohl für tragbare als auch für ortsfeste elektrische Verbrauchsmittel muss mindestens ein Einphasentransformator je Raum oder funktionsmäßig zusammengehöriger Raumgruppe für den Aufbau von medizinischen IT-Systemen errichtet werden. Die Nennausgangsleistung darf nicht kleiner als 3,15 kVA und nicht größer als 8 kVA sein. Wenn mehrere Transformatoren zur Versorgung der Betriebsmittel in einem Raum benötigt werden, dürfen sie nicht parallel geschaltet werden.

Wenn jedoch nationale Vorschriften Drehstromtransformatoren auch für die Versorgung von Einphasen-Verbrauchern zulassen, muss durch die Bauart oder die

Schaltungsart sichergestellt sein, dass auch bei Schieflast und anderen denkbaren Fehlern auf der Primärseite eine Spannungserhöhung auf der Verbraucherseite nicht auftreten kann. Unter diesen Bedingungen sind Drehstromtransformatoren mit Sekundärwicklung entweder in Stern- oder Dreieckschaltung annehmbar.

Wenn ebenfalls die Einspeisung von dreiphasigen Verbrauchern über ein IT-System gefordert ist, muss für diesen Zweck ein separater Dreiphasentransformator vorgesehen werden.

Dreiphasen-Transformatoren sind ohne Kapazitätsgrenze erlaubt.

Verteiler sollten vorzugsweise außerhalb medizinisch genutzter Bereiche eingebaut und sicher vor unbefugten Personen geschützt werden.

Zur Überwachung wird auf DIN VDE 0100-410:2018-10, Abschnitt 411.6.3.1 hingewiesen, die besagt, dass eine Isolationsüberwachungseinrichtung vorgesehen werden muss (siehe Kapitel 4 dieses Buchs).

Kondensatoren dürfen in Transformatoren für medizinische IT-Systeme nicht verwendet werden.

Nationale Bestimmungen können angewendet werden, z. B. Unterscheidung zwischen der Versorgung von Endstromkreisen für mehrere Steckdosen und der Versorgung von Endstromkreisen für einzelne Geräte.

8.9 Stromversorgung für medizinisch genutzte Bereiche der Gruppe 2

Der sicheren Stromversorgung für die Bereiche der Gruppe 2 kommt besondere Bedeutung zu, daher auch hier der Text von 710.512.1.102:

Beim Auftreten eines ersten Fehlers muss in medizinisch genutzten Bereichen der Gruppe 2 ein Totalausfall der Stromversorgung verhindert werden.

Unabhängig von der Ausführung eines medizinischen IT-Systems und der Beherrschung der vollständigen Selektivität der Schutzeinrichtungen kann dies erreicht werden mit:

- *zwei unabhängigen Versorgungseinspeisungen oder*
- *örtlichen zusätzlichen Stromversorgungseinheiten oder*
- *einer zusätzlichen Stromversorgung für medizinisch genutzte Bereiche der Gruppe 2 oder*
- *anderen ebenso wirkungsvollen Maßnahmen, die die weitere Verfügbarkeit der Stromversorgung gewährleisten.*

8.10 Selbsttätige Umschalteinrichtung

Im Abschnitt 710.536.101 wird unter dem Titel „Einrichtungen zum Trennen und Schalten“ die selbsttätige Umschalteinrichtung ausführlich beschrieben. Dieser Text ist in der Norm „graugedruckt“ und ist damit als deutsche besondere Anforderung gekennzeichnet:

Eine zuverlässige Trennung zwischen den Systemen ist gefordert. Die maximal auftretende Gesamtausschaltzeit (vom Fehlereintritt bis zur Löschung des Lichtbogens in der Überstromschutzeinrichtung) muss kleiner sein als die minimale Umschaltverzögerungszeit der selbstständigen Umschalteinrichtung.

Die Leitungen zwischen der selbsttätigen Umschalteinrichtung und der nachgeordneten Überstromschutzeinrichtung sind kurzschluss- und erdschlusssicher zu verlegen.

Umschalteinrichtungen im Sinne dieser Norm sollen automatisch für die Stromversorgung direkt an jedem Verteilerpunkt (Hauptverteiler und Verteiler für medizinisch genutzte Bereiche der Gruppe 2) aus den beiden unabhängigen Systemen sorgen.

Die dauernde Funktionsfähigkeit muss gesichert sein.

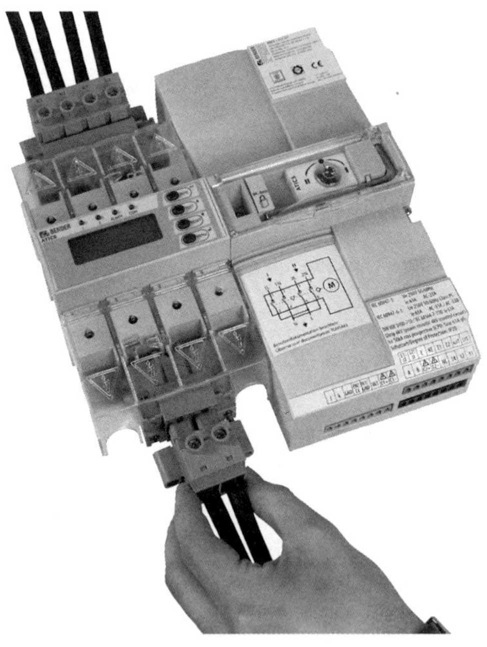

Bild 8.7 Umschalt- und Überwachungsmodul vom Typ ATICS
Bild: Fa. Bender, Grünberg

Das heißt, wenn die Spannung am Hauptverteiler in einem oder mehreren Außenleitern ausfällt, muss eine Sicherheitsstromversorgung den Weiterbetrieb automatisch übernehmen. Die Versorgungsübernahme sollte verzögert sein, damit Kurzzeitunterbrechungen überbrückt werden können.

In der Praxis werden diese Umschalteinrichtungen je nach Netzaufbau verwendet.

Bild 8.7 zeigt eine Geräteeinheit, die diesen Anforderungen entspricht.

8.11 Steckdosenstromkreis in medizinischen IT-Systemen für medizinisch genutzte Bereiche der Gruppe 2

Im Abschnitt 710.55.102 werden besondere Hinweise auf Steckdosenstromkreise der Anwendungsgruppe 2 gegeben und hier aufgelistet:

Steckdosen, die für den Anschluss medizinischer elektrischer Geräte vorgesehen sind, müssen mit einer Spannungsanzeige versehen sein.

Für Lampen der Spannungsanzeige wird grünes Licht bevorzugt.

An jedem Patientenbehandlungsplatz, z. B. an den Kopfenden, müssen die Steckdosen folgendermaßen angeordnet sein:

- Jede Steckdose wird von einzeln geschützten Stromkreisen versorgt, oder
- mehrere Steckdosen werden auf mindestens zwei separate Stromkreise aufgeteilt.

Jeder Stromkreis sollte vorzugsweise nur Steckdosen versorgen, die einem Behandlungsplatz zugewiesen sind.

Wo Stromkreise von anderen Systemen (TN-S- oder TT-Systemen) im selben medizinisch genutzten Bereich versorgt werden, dürfen Steckdosen des medizinischen IT-Systems nicht schaltbar sein und entweder:

- durch eine entsprechende Konstruktion gegen die Verwendung in anderen Systemen geschützt oder
- deutlich und dauerhaft als solche gekennzeichnet sein.

8.12 Betriebsbedingungen

Die Abschnitte 710.530 und 710.560 werden hier nicht angesprochen. Auch hier gilt der Hinweis auf die Originalnorm.

8.13 Prüfungen

Aufgrund des Schwerpunkts dieses Buchs, den medizinischen IT-System, sind im Folgenden die Anforderungen der Erstprüfung und der wiederkehrenden Prüfung aus der Norm aufgeführt.

8.13.1 Erstprüfung

„Die Erstprüfung muss in Übereinstimmung mit den lokalen/nationalen Vorschriften ausgeführt werden. Wenn lokale/nationale Vorschriften nicht bestehen, werden die folgenden Prüfungen empfohlen.

Die Prüfungen, nachstehend spezifiziert unter den Aufzählungen a) bis g), in Ergänzung zu den Anforderungen von HD 60364-6, müssen sowohl vor Inbetriebnahme als auch nach Änderungen oder Reparaturen vor der Wiederinbetriebnahme durchgeführt werden:

a) Funktionstest der Isolationsüberwachungseinrichtungen und Überlastüberwachungseinrichtungen des medizinischen IT-Systems und der akustischen/visuellen Alarmsysteme.

b) Messungen zur Überprüfung, ob der zusätzliche Schutzpotentialausgleich in Übereinstimmung mit 710.415.2.1 und 710.415.2.2 ist.

c) Die Einbeziehung der Einrichtungen nach 710.415.2 in den Schutzpotentialausgleich ist zu prüfen.

d) Die Einbeziehung der Anforderungen von 710.560 für die sichere Versorgung ist zu prüfen.

e) Messungen des Ableitstroms an der Ausgangswicklung und dem Gehäuse der medizinischen IT-Transformatoren in unbelastetem Zustand.

f) Prüfung der Einhaltung der Selektivität der Stromversorgung für Sicherheitszwecke entsprechend der Planungsunterlagen und Berechnung.

g) Prüfung der angewendeten Schutzmaßnahmen auf Übereinstimmung mit den Anforderungen für medizinisch genutzte Bereiche der Gruppe 1 oder 2 unter Beachtung der Bestimmungen nach 710.535.1.“

8.13.2 Wiederkehrende Prüfungen

Der Auftragnehmer oder der Hersteller hat in der Betriebsanleitung den Betreiber auf die nachfolgend aufgeführten, notwendigen wiederkehrenden Nachweise aufmerksam zu machen.

Verfahren für wiederkehrende Prüfungen müssen in enger Zusammenarbeit mit dem medizinischen Personal erarbeitet werden, um das Risiko für die Patienten zu minimieren.

Die wiederkehrenden Prüfungen, entsprechend den Aufzählungen a) bis g) von 710.61, müssen in Übereinstimmung mit den örtlichen/nationalen Vorschriften durchgeführt werden. Wenn es örtliche/nationale Vorschriften nicht gibt, werden die folgenden Zeitintervalle empfohlen:

a) Funktionstest der Umschalteinrichtungen: zwölf Monate;
b) Funktionstest des vollständigen Isolationsüberwachungssystems (einschließlich Alarm, Überwachungsbericht usw.): zwölf Monate;
c) Messungen zur Prüfung des zusätzlichen Schutzpotentialausgleichs: 36 Monate;
d) Vollständigkeit der in den Schutzpotentialausgleich einzubeziehenden Einrichtungen: 36 Monate;
e) monatlicher Funktionstest der Sicherheitsstromversorgung gemäß der Herstelleranweisung:
   - Stromversorgung für Sicherheitszwecke mit Batterien: 15 min;
   - Stromversorgung für Sicherheitszwecke mit Verbrennungsmaschinen: 60 min;
   - der monatliche Funktionstest muss bei mindestens 80 % bis 100 % Nennleistung ausgeführt werden;
f) jährlicher Funktionstest der Sicherheitsstromversorgung gemäß der Herstelleranweisung:
   - Stromversorgung für Sicherheitszwecke mit Verbrennungsmaschinen bis die Nennbetriebstemperatur erreicht ist: „Dauerbetrieb“;
   - Stromversorgung für Sicherheitszwecke mit Batterien: Kapazitätstest;
   - der jährliche Funktionstest muss bei mindestens 80 % bis 100 % Nennleistung ausgeführt werden;
g) Prüfen des Auslösens der Fehlerstromschutzeinrichtungen (RCDs) bei $I_{\Delta N}$: nicht mehr als zwölf Monate;
h) Sichtprüfung, Funktionstest und Messung der elektrischen Installationsanlage, insbesondere Prüfung des Schutzes gegen elektrischen Schlag einschließlich der Einstellungen der Schutzeinrichtungen: 36 Monate;
i) Funktionstest der Beleuchtungseinrichtungen der Ausgangswegweiser, Rettungswege, Stellen mit Schalt- und Steuergeräten: zwölf Monate.

8.14 Literatur

[8.1] *Hofheinz, W.*: Schutz gegen elektrischen Schlag in medizinisch genutzten Bereichen der Gruppe 2. VDE-Schriftenreihe 170. Berlin · Offenbach: VDE VERLAG, 2017. – ISBN 978-3-8007-4400-8, ISSN 0506-6719

9 Zusätzliche Maßnahmen zur Erhöhung der elektrischen Sicherheit in medizinischen Bereichen

Eine störungsarme Elektroinstallation, die eine hohe Personen-, Betriebs- und Anlagensicherheit gewährleistet, ist das primäre Ziel aller, die für die Anlagen verantwortlich sind. Dies gilt natürlich auch in Krankenhäusern, Arztpraxen und ambulanten OP-Zentren. Das Schutzkonzept für die elektrische Installation muss deshalb:

- die Sicherheit von Anlagen und Personen gewährleisten,
- die Betriebskontinuität verbessern,
- zur Leistungsfähigkeit der Anlage beitragen.

Die optimal ausgewählten Schutz- und Überwachungseinrichtungen ermöglichen:

- Mensch und Anlage umfassend vor Gefährdungen durch elektrischen Strom zu schützen,
- Gefährdungen durch den Ausfall der Stromversorgung zu verhindern,
- eine sofortige Meldung und Reaktion auf kritische Betriebs- und Anlagenzustände,
- die Reduzierung von Instandhaltungs-, Wartungs- und Ausfallkosten,
- die Minimierung von Betriebsunterbrechungen in unkritischen Bereichen,
- das Management von Anlagedaten nach eigenen Bedürfnissen.

Die anerkannten Regeln der Technik stellen immer nur die Mindestanforderungen für technische Anlagen dar. Dies gilt auch für die Stromversorgung im Krankenhaus, OP-Zentrum und in der Arztpraxis. Der Schutz des Menschen verdient jedoch den bestmöglichen Schutz, den moderne Technik zu bieten hat.

9.1 Schutz vor Gefährdungen durch Isolationsfehler

Ein Isolationsfehler wird in den VDE-Bestimmungen als fehlerhafter Zustand einer Isolierung definiert. Isolationsfehler entstehen z. B. infolge von mechanischen, thermischen, chemischen Beschädigungen elektrischer Isolierungen. Aber auch Verschmutzung, Feuchtigkeit oder Schäden durch Flora und Fauna können die Isolierung so weit schädigen, dass über die Isolationsfehlerstellen ein ungewollter Strom zum Fließen kommt. Die Höhe dieses Stroms wird bestimmt von der Spannung der Stromquelle und dem Isolationsfehler R_F. Dieser Fehlerstrom kann zwischen aktiven Strom führenden Leitern auftreten, und der Isolationsfehler R_F wirkt wie ein Lastwiderstand. Oder er kann von aktiven Strom führenden Leitern über den Isolationsfehler und/oder leitfähigen Teilen und dem Schutzleiter zur Erde fließen.

Ist der Fehlerstrom groß genug (vollkommener Isolationsfehler), werden die vorgeschaltete Schutzeinrichtung ausgelöst und der fehlerbehaftete Verbraucher oder Anlagenteil vom Netz getrennt. Reicht der Fehlerstrom jedoch nicht aus, um die Fehlerstromschutzeinrichtung (RCD) zum Ansprechen zu bringen (unvollkommener Kurz- oder Erdschluss), besteht akute Brandgefahr, wenn die Fehlerleistung einen Wert von etwa 60 W an der Fehlerstelle übersteigt (etwa 260 mA/230 V). Einen sicheren und zuverlässigen Schutz davor bietet der Einsatz von Fehlerstromschutzeinrichtungen (RCDs), die z. B. mit einem Bemessungsstrom unterhalb von 300 mA eine sichere Abschaltung im Gefahrenfall bewirken.

Gerade im EDV-Bereich hat jedoch eine Abschaltung oft weitreichende Folgen, sodass aus diesem Grund häufig auf den Einsatz von Fehlerstromschutzeinrichtungen (RCDs) verzichtet wird. Dazu kommt auch noch das Problem, dass in vielen EDV-Bereichen USV-Anlagen stehen, die nur eine begrenzte Kurzschlussleistung zur Verfügung stellen und so Sicherungen bzw. Leitungsschutzschalter nicht zum Auslösen bringen. Folge davon sind hohe Fehlerströme, die in Bezug auf den Personen- und Brandschutz kritische Werte annehmen können.

Als Ergänzung zu den bekannten Fehlerstromschutzeinrichtungen (RCDs) bietet sich hier der Einsatz von Differenzstromüberwachungsgeräten (RCMs – Residual Current Monitor) nach DIN EN 62020 (**VDE 0663**) an. Diese Geräte ermöglichen eine gezielte Überwachung von Einzelgeräten oder Anlagenteilen und wahlweise eine Meldung, bevor der eigentliche Ansprechwert der Schutzeinrichtung erreicht wird, oder, in Verbindung mit einem Leistungsschalter, eine Abschaltung unter definierten Bedingungen.

9.2 Zusätzliche Überwachung von Stromkreisen mit Differenzstromüberwachungsgeräten (RCMs)

In vielen Anlagen fordern Normen den Einsatz von Fehlerstromschutzeinrichtungen (RCDs), um die Personen- und Anlagensicherheit zu erhöhen. Dies ist auch gut und richtig. Mit den Differenzstromüberwachungsgeräten (RCMs) besteht nun die Möglichkeit, diesen Schutz weiter zu erhöhen, und zwar unter dem Aspekt der frühzeitigen Information, um ein unerwartetes Ansprechen der Schutzeinrichtung zu vermeiden.

Im Krankenhaus werden beispielsweise in Beleuchtungsstromkreisen von Bereichen der Gruppe 2 Fehlerstromschutzeinrichtungen (RCDs) mit einem Auslösestrom von $I_{\Delta N} \leq 300$ mA eingesetzt (**Bild 9.1**). Durch Differenzstromüberwachungsgeräte (RCMs) können Differenzströme in diesen Beleuchtungsanlagen weit vor dem Ansprechwert der Fehlerstromschutzeinrichtungen (RCDs) erkannt und gemeldet werden. Auch im Bereich von Küchen, EDV-Anlagen, Laboratorien, Kühlanlagen usw. lassen sich Differenzstromüberwachungsgeräte (RCMs) als Frühwarnsystem wirksam einsetzen.

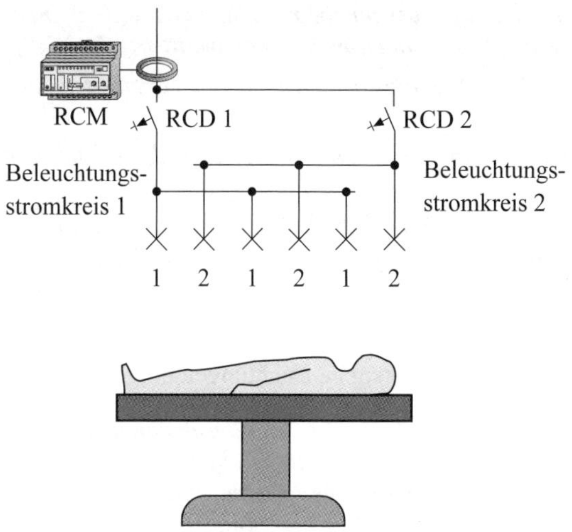

Bild 9.1 Überwachung von Beleuchtungsstromkreisen in Bereichen der Gruppe 2 mit Differenzstromüberwachungsgeräten (RCMs)

9.3 Einrichtungen zur Isolationsfehlersuche in medizinischen IT-Systemen

IT-Systeme mit Isolationsüberwachung können auch bei Meldung eines Isolationsfehlers weiterbetrieben werden. Errichtungsbestimmungen fordern jedoch, den gemeldeten Fehler möglichst bald zu beseitigen. Dies ist zum Beispiel in der DIN VDE 0100-410, Abschnitt 411.6.3.1, der Fall:

Werden IT-Systeme so geplant, dass beim ersten Isolationsfehler keine Abschaltung erfolgt, muss der erste Fehler durch eine der folgenden Einrichtungen gemeldet werden:

- *Isolationsüberwachungseinrichtung (IMD), die mit einer Einrichtung zur Isolationsfehlersuche (IFLS) kombiniert werden kann;*
- *Differenzstromüberwachungseinrichtung (RCM), unter der Voraussetzung, dass der Differenzstrom ausreichend groß ist, um erfasst zu werden.*

Anmerkung: Differenzstromüberwachungseinrichtungen (RCMs) können keine symmetrischen Isolationsfehler erkennen.

Die Einrichtung muss ein hörbares und/oder sichtbares Signal erzeugen, das so lange andauert, wie der Fehler besteht. Dieses Signal kann durch einen Relaisausgang, einen elektronischen Schalter oder über ein Kommunikationsprotokoll erzeugt werden.

Die optische und/oder akustische Meldung muss an einer geeigneten Stelle so angeordnet werden, dass sie von zuständigen Personen wahrgenommen wird.

Wenn sowohl hörbare als auch sichtbare Signale vorhanden sind, ist es zulässig, das hörbare Signal abzuschalten.

Es wird empfohlen, dass ein erster Isolationsfehler so schnell wie praktisch möglich beseitigt wird.

*Zusätzlich darf eine Einrichtung zur Isolationsfehlersuche (IFLS) in Übereinstimmung mit DIN EN 61557-9 (**VDE 0413-9**) vorgesehen werden, um den Ort des ersten Isolationsfehlers von einem aktiven Teil zu Körpern von elektrischen Betriebsmitteln zu Erde oder einem anderen Bezugspunkt anzuzeigen.*

Zusätzlich wird in 411.6.3.2 auf Isolationsfehlersucheinrichtungen hingewiesen:

Ein Differenzstromüberwachungsgerät (RCM) oder eine Isolationsfehlersucheinrichtung darf vorgesehen werden, um das Auftreten eines ersten Fehlers zwischen einem aktiven Teil und Körpern oder gegen Erde zu melden, es sei denn, eine Schutzeinrichtung ist errichtet, die beim ersten Fehler die Versorgung abschaltet. Diese Einrichtung muss ein hörbares und/oder sichtbares Signal bewirken, das so lang andauern muss, wie der Fehler besteht. Wenn sowohl hörbare als auch sichtbare Signale vorhanden sind, ist es zulässig, das hörbare Signal abzuschalten, das sichtbare Signal muss jedoch bestehen bleiben, solange der Fehler besteht.

Anmerkung: Es ist empfohlen, dass ein erster Fehler so schnell wie praktisch möglich beseitigt wird.

In Intensivstationen oder anderen medizinisch genutzten Bereichen ergibt sich häufig das Problem, dass das Isolationsüberwachungsgerät einen Isolationsfehler meldet, aber aufgrund der vielen Steckdosenkreise es nicht ganz einfach ist, diesen Fehlerort zu lokalisieren, insbesondere auch unter dem zeitlichen Aspekt. Um dieses Problem zu lösen, werden sogenannte Isolationsfehlersucheinrichtungen in den zugehörigen Verteiler zum Bereich der Gruppe 2 eingebaut (**Bild 9.2**). Diese Isolationsfehlersucheinrichtung besteht aus einem Prüfgerät (PGH) sowie aus einem oder mehreren Auswertegeräten (EDS).

Tritt nun ein Isolationsfehler auf, wird dieser vom Isolationsüberwachungsgerät gemeldet, wenn der eingestellte Ansprechwert unterschritten wird. Mit dem Kontakt oder per Hand kann nun die Isolationsfehlersuche gestartet werden. Das Prüfgerät erzeugt dazu einen auf unkritische Werte begrenzten Prüfstrom, indem es in einem bestimmten Zeitraster die Netzleiter abwechselnd mit Erde verbindet. Wird der nicht fehlerbehaftete Netzleiter mit Erde verbunden, entsteht ein Stromkreis, der aus der Netzspannungsquelle (-stromquelle) und dem Isolationswiderstand besteht. Dies bedeutet, dass der Prüfstrom sowohl von der Netzspannung als auch vom Isolationswiderstand abhängig ist.

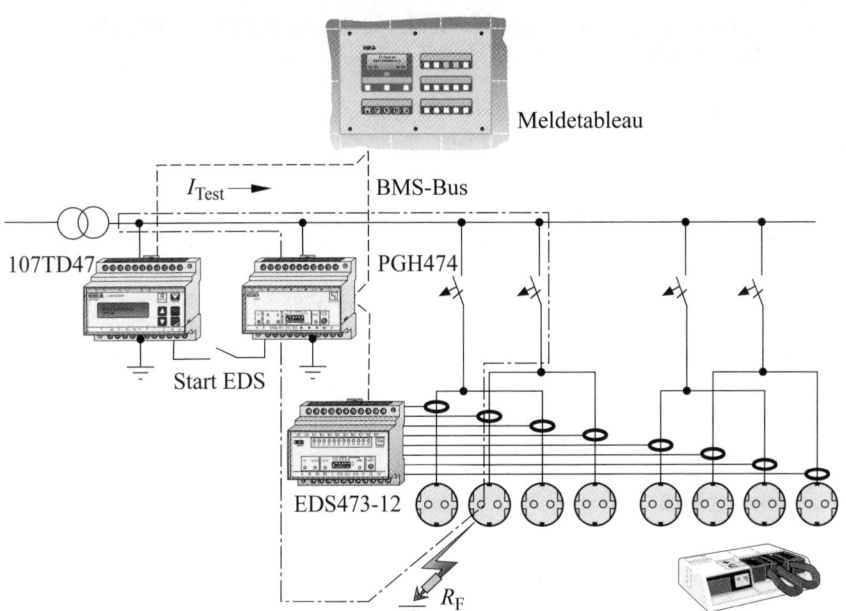

Bild 9.2 Einrichtung zur Isolationsfehlersuche in medizinisch genutzten Bereichen

Um zu verhindern, dass der Prüfstrom bei einem niederohmigen Isolationsfehler eine unkontrollierbare Größe annimmt, wird er im Prüfgerät auf einen Wert, beispielsweise 1 mA, begrenzt. Der Prüfstrom fließt im IT-System über die Isolationsfehlerstelle bzw. durch alle im Prüfstromkreis liegenden Abgänge (Messwandler). Um den Weg des Prüfstroms verfolgen zu können bzw. den Fehlerort zu lokalisieren, werden alle wichtigen Abgänge in dem IT-System mit Messwandlern versehen. Die Messwandler wiederum sind mit einem Auswertegerät verbunden, das zyklisch alle Messwandler abfragt und anzeigt, in welchem Messwandler (Abgang) der Prüfstrom fließt.

Über ein zentral angeordnetes Steuer- und Anzeigegerät, das mit allen Auswertegeräten über eine Schnittstelle verbunden ist, kann nun anhand der Zuordnung Messwandler/Abgänge leicht verfolgt werden, in welchem Abgang sich der Isolationsfehler befindet. Über Schnittstellen oder Meldekontakte können diese Informationen auch an übergeordnete Stellen und Einrichtungen weitergegeben werden.

Insgesamt wird mit diesem Suchprinzip der Vorteil des IT-Systems in Bezug auf die Betriebssicherheit wirksam ergänzt, da die Suche während des Betriebs erfolgt und eine Beseitigung des Isolationsfehlers dann geschehen kann, wenn es der Betreiber wünscht, beispielsweise während einer Instandhaltung.

9.3.1 Einrichtungen zur Isolationsfehlersuche nach DIN EN 61557-9 (VDE 0413-9):2015-10

Die Anforderungen und Prüfungen von Einrichtungen zur Isolationsfehlersuche sind in DIN EN 61557-9 (**VDE 0413-9**) „Einrichtungen zur Isolationsfehlersuche in IT-Systemen“ festgelegt.

Nach DIN EN 61557-9 (**VDE 0413-9**) ist eine Einrichtung zur Isolationsfehlersuche ein Gerät oder eine Kombination von Geräten zur Isolationsfehlersuche in IT-Systemen. Die Einrichtung zur Isolationsfehlersuche wird zusätzlich zu einem Isolationsüberwachungsgerät eingesetzt. Sie prägt einen Prüfstrom zwischen den spannungsführenden Leitern und Erde ein und lokalisiert Isolationsfehler.

Einrichtungen zur Isolationsfehlersuche müssen in der Lage sein, sowohl symmetrische als auch unsymmetrische Isolationsfehler in einem IT-System zu lokalisieren. Eine Einrichtung zur Isolationsfehlersuche setzt sich normalerweise aus folgenden Funktionen zusammen (**Bild 9.3**):

- Isolationsüberwachungsgerät nach IEC 61557-8;
- Prüfstrom-Generator, tragbar oder fest installiert;
- Prüfstrom-Sensor (z. B. Stromwandler oder Stromzange), der verwendet wird, um den Prüfstrom zu lokalisieren und der an eine Einrichtung zur Isolationsfehlersuche angeschlossen ist;
- Isolationsfehlerauswertegerät, tragbar oder fest installiert, an das die Prüfstrom-Sensoren angeschlossen sind, um den Prüfstrom zu erfassen und durch einen Alarm anzuzeigen, wenn der Isolationswiderstand in einem Teil der Anlage unter die Ansprechempfindlichkeit fällt.

Einrichtungen zur Isolationsfehlersuche müssen bei einer gesamten symmetrischen Netzableitkapazität von 1 µF vor dem Prüfstrom-Sensor in der Lage sein, die vom Hersteller genannte Ansprechempfindlichkeit unter den festgelegten Netzbedingungen (C_{Lu} = 1 µF, C_{Ld} = 0 µF nach Bild C.2 der Norm) einzuhalten. Bild 9.3 zeigt das Beispiel einer Einrichtung zur Isolationsfehlersuche.

Diese Funktionen können entweder durch einzelne Geräte für die unterschiedlichen Funktionen oder durch ein Gerät, das alle Funktionen in einem Gerät integriert, ausgeführt werden. Es besteht aber auch die Möglichkeit, dass einige oder alle Funktionen in einem Isolationsüberwachungsgerät nach IEC 61557-8 oder in einer Kombination mehrerer Geräte, die zusätzliche Überwachungsfunktionen erfüllen, integriert sind.

Der Prüfstrom-Generator kann entweder ein passives oder ein aktives Gerät sein. Ist es ein passives Gerät, wird der Prüfstrom durch die Spannung zur Erde des zu überwachenden Netzes getrieben und ist auf den maximalen Wert des Prüfstroms durch den Prüfstrom-Generator begrenzt. In einem aktiven Prüfgerät wird der Prüfstrom durch eine unabhängige aktive Spannungs- oder Stromquelle innerhalb des Prüfgeräts erzeugt.

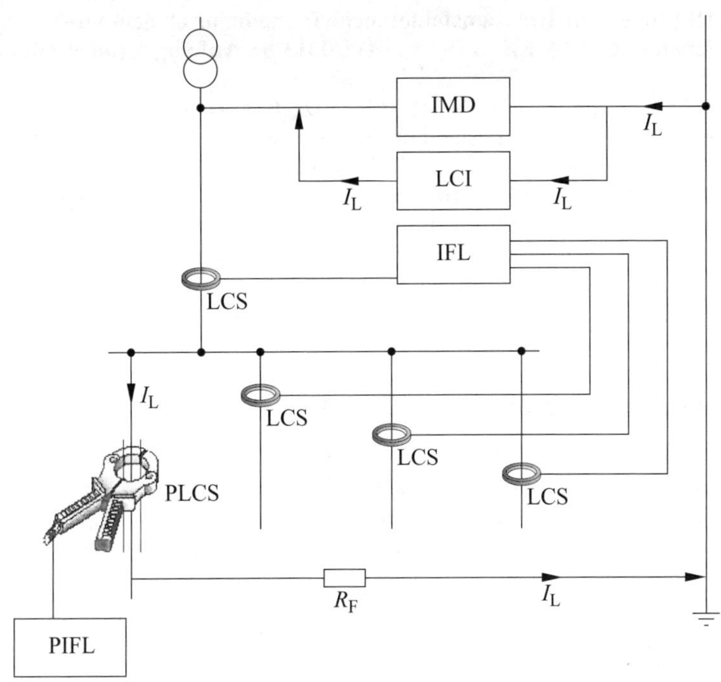

Bild 9.3 Beispiel einer Einrichtung zur Isolationsfehlersuche (nach DIN EN 61557-9 (**VDE 0413-9**):2015-10, Bild C.1)
Legende:
IMD Isolationsüberwachungsgerät,
LCI Prüfstrom-Generator,
IFL Einrichtung zur Isolationsfehlersuche,
I_L Prüfstrom,
R_F Isolationswiderstand,
LCS Prüfstrom-Sensor,
PIFL tragbare Einrichtung zur Isolationsfehlersuche,
PLCS tragbarer Prüfstrom-Sensor,
T IT-System Transformator

IMD, LCI und IFL können entweder Einzelgeräte sein, oder alle oder einige dieser Funktionen können in einem Einzelgerät integriert sein.

PIFL kann zusammen mit einem fest installierten Prüfstrom-Generator oder einem tragbaren Prüfstrom-Generator genutzt werden.

9.3.2 Einrichtungen zur Isolationsfehlersuche in medizinisch genutzten Bereichen nach DIN EN 61557-9 (VDE 0413-9), Anhang A (normativ)

Der normative Anhang A von DIN EN 61557-9 (**VDE 0413-9**) legt spezielle Anforderungen an Einrichtungen zur Isolationsfehlersuche fest, die in ungeerdeten IT-Wechselspannungssystemen der Gruppe 2 für medizinisch genutzte Bereiche in Übereinstimmung mit IEC 60364-7-710 bzw. mit DIN VDE 0100-710 eingesetzt werden. Die darin festgelegten Informationen und Anforderungen ersetzen oder ergänzen die entsprechenden Abschnitte im Hauptteil dieser Norm.

Der Anhang A verweist auch auf CISPR 11:2006 „Industrial, scientific and medical (ISM) radio-frequency equipment – Electromagnetic disturbance characteristics – Limits and methods of measurement".

9.3.2.1 Begriffe aus DIN EN 61557-9 (VDE 0413-9)

Der Begriff *„Einrichtungen zur Isolationsfehlersuche für medizinisch genutzte Bereiche"* wird folgendermaßen definiert als: Spezielle Einrichtung zur Isolationsfehlersuche, die dazu bestimmt ist, Isolationsfehler in IT-Systemen der Gruppe 2 von medizinisch genutzten Bereichen in Übereinstimmung mit Anhang A zu lokalisieren.

Ansprechzeit t_{al} ist die Zeit, die eine Einrichtung zur Isolationsfehlersuche braucht, um gemäß den Anforderungen von A.2.2.1 anzusprechen. Hier muss der Hersteller die Ansprechzeit nach den Anforderungen von DIN EN 61557-9 (**VDE 0413-9**) an die Typprüfungen angeben.

Der Begriff *„Gruppe 2, medizinisch genutzte Bereiche"* ist angegeben als: Medizinisch genutzte Bereiche, in denen Anwendungsteile für Anwendungen wie intrakardiale Verfahren in Operationsräumen und lebenswichtige Behandlungen eingesetzt werden und wo Unregelmäßigkeiten (Fehler) in der Stromversorgung Lebensgefahr verursachen kann.

Eine Anmerkung zu diesem Begriff erläutert die Bedeutung von einem *intrakardialen Verfahren*, welches ein Verfahren ist, bei dem ein elektrischer Leiter, der außerhalb des Körpers des Patienten zugänglich ist, innerhalb des Herzens eines Patienten untergebracht wird oder eventuell in Kontakt mit dem Herz kommt. In diesem Zusammenhang schließt ein elektrischer Leiter solche isolierte Leiter ein wie Schrittmacherelektroden, EKG-Elektroden oder isolierte Schläuche, die mit leitender Flüssigkeit gefüllt sind. [DIN EN 61557-9 (**VDE 0413-9**):2015-10, Begriff 3.1.12].

9.3.2.2 Anforderungen der DIN EN 61557-9 (VDE 0413-9), Anhang A

Außer den in Abschnitt 4 der Norm festgelegten Anforderungen gelten für den Anhang A die zusätzlichen Anforderungen:

- Die *Ansprechempfindlichkeit* muss mindestens 50 kΩ oder U_n/50 kΩ bei einer Gesamtableitkapazität von 1 µF (Summe der Ableitkapazitäten aller Außenleiter zur Erde) betragen.

- Der Effektivwert des *Prüfstroms* I_L muss auf 1 mA begrenzt sein.
- Bei einer aktiven Prüfspannung oder bei einem aktiven Prüfstrom muss der Effektivwert der *Prüfspannung* U_L kleiner sein als AC oder DC 25 V in Übereinstimmung mit IEC 60364-7-710.
- Die *elektromagnetische Verträglichkeit (EMV)* von Einrichtungen zur Isolationsfehlersuche in medizinisch genutzten Bereichen muss zusätzlich zu den Anforderungen nach IEC 61326-2-4 auch mit CISPR 11 übereinstimmen.
- Die *Ansprechzeit* t_{al} nach den Anforderungen an die Ansprechempfindlichkeit muss durch den Hersteller angegeben werden.
- Eine *Meldung* soll erfolgen. Diese soll darstellen, in welchem Teil der Anlage der Isolationsfehler erfasst wurde.

9.3.2.3 Prüfungen nach DIN EN 61557-9 (VDE 0413-9), Anhang A

Zusätzlich zu den Prüfungen in Abschnitt 6 der Norm müssen für Einrichtungen zur Isolationsfehlersuche in medizinischen Bereichen die Typprüfungen für die Ansprechzeit berücksichtigt werden.

Die Ansprechzeit t_{al} muss bei Netznennspannung und bei einer Gesamtableitkapazität von 1 µF geprüft werden, die symmetrisch auf alle Außenleiter vor dem Prüfstrom-Sensor verteilt ist. Dabei muss der Isolationswiderstand schlagartig von ungefähr unendlich auf 25 kΩ verringert werden. Tabelle A.1 der Norm zeigt die zusätzlichen Anforderungen von und Tabelle A.2 der Norm zeigt die Emissionsprüfungen für Einrichtungen zur Isolationsfehlersuche in medizinisch genutzten Bereichen.

10 Elektrische Sicherheit für medizinische elektrische Einrichtungen und elektrische Betriebsmittel

Gesetzgebung und Berufsgenossenschaften fordern immer dringlicher elektrisch sichere Betriebsmittel. Besonders hoch sind die Anforderungen für elektrische Medizinprodukte. Diese müssen sicher sein für:

- den Patienten,
- den Bediener (z. B. Ärzte oder Pflegepersonal),
- Dritte (z. B. Besucher).

Dabei ist zu bedenken, dass für den Patienten neben dem Risiko durch einen elektrischen Schlag auch noch das Risiko durch Geräteausfall aufgrund eines elektrischen Defekts besteht. Auch bei Medizinprodukten mit lebenserhaltenden Funktionen ist ein Ausfall fatal.

Elektrische Sicherheit bedeutet, dass das ganze System sicher sein muss:

- die Stromversorgung,
- das elektromedizinische Gerät,
- die Anwendung dieser Geräte.

Die sichere Stromversorgung wurde in den vorhergehenden Kapiteln behandelt. Das sichere medizinische elektrische Gerät (ME-Gerät) und dessen sichere Anwendung sind Thema des folgenden Kapitels.

Das Europäische Parlament postulierte 2007, dass ein umfassender externer Politikansatz der EU, der sich auf Zusammenarbeit im Regelungsbereich, Konvergenz der Normen und Gleichwertigkeit der Vorschriften konzentriert, sowohl den fairen Wettbewerb als auch den Handel fördern muss [10.1].

Im Jahr 2012 nahm die EVP-Kommission des Europäischen Parlaments im Auftrag des für Binnenmarkt und Dienstleistungen zuständigen Kommissionsmitglieds zwölf Hebel zur Forderung des Wachstums an. Ziel der Maßnahme waren eine Reduzierung der finanziellen Belastung der 500 Mio. EU-Bürger und die Erfüllung der für den öffentlichen Sektor angestrebten Zielsetzungen im Bereich Wettbewerbsfähigkeit. Jeder der Hebel ist auf zwei Aspekte ausgerichtet: die Vereinfachung und *Harmonisierung der Normen* auf fragmentierten Märkten und die Schaffung von Mechanismen zur *wirksameren Umsetzung* geltender Bestimmungen [10.2].

Auf allen Ebenen regeln Gesetze und Normen unser tägliches Leben. Grundsätzlich ist zwischen Gesetzen und Normen zu unterscheiden. Dies gilt auch im Medizinbereich. Gesetze, Richtlinien und Verordnungen stellen grundsätzliche Anforderungen an medizinische elektrische Geräte. Hier steht, *was* gefordert wird – doch *wie* dies umzusetzen ist, beschreiben sie nicht. Hierzu verweisen sie auf die Normen.

Gesetze, Richtlinien Verordnungen [a]	Zugehörige Norm	Titel der Norm
Richtlinie für Maschinen 2006/42/EG [b]	DIN EN 60204-1 (**VDE 0113-1**): 2007-06 + A1:2009-10	Sicherheit von Maschinen – Elektrische Ausrüstung von Maschinen – Teil 1: Allgemeine Anforderungen
DGUV-Vorschrift 3 [c]	DIN VDE 0701-0702: 2008-06	Prüfung nach Instandsetzung, Änderung elektrischer Geräte – Wiederholungsprüfung elektrischer Geräte – Allgemeine Anforderungen für die elektrische Sicherheit
	DIN VDE 0105-100: 2015-10 + A1:2017-06	Betrieb von elektrischen Anlagen – Teil 100: Allgemeine Festlegungen – Änderung A1: Wiederkehrende Prüfungen
Gesetz über Medizinprodukte (Medizinproduktegesetz – MPG)	DIN EN 62353 (**VDE 0751-1**): 2015-10	Medizinische elektrische Geräte – Wiederholungsprüfungen und Prüfung nach Instandsetzung von medizinischen elektrischen Geräten
	DIN VDE 0105-100: 2015-10 + A1:2017-06	Betrieb von elektrischen Anlagen – Teil 100: Allgemeine Festlegungen – Änderung A1: Wiederkehrende Prüfungen
	DIN EN 60601-1 (**VDE 0750-1**): 2013-12	Medizinische elektrische Geräte – Teil 1: Allgemeine Festlegungen für die Sicherheit einschließlich der wesentlichen Leistungsmerkmale
	DIN EN 62366-1 (**VDE 0750-241-1**): 2017-07	Medizinprodukte – Anwendung der Gebrauchstauglichkeit auf Medizinprodukte

[a] Siehe dazu auch Kapitel 7.1 dieses Buchs

[b] Richtlinie des Rates vom 14. Juni 1989 zur Angleichung der Rechtsvorschriften der Mitgliedstaaten für Maschinen (89/392/EWG). Achtung: Im Mai 2006 ist die Neufassung 2006/42/EG erschienen – Umsetzung in nationales Recht bis 28. Juni 2008 und dann ab 29. Dezember 2009 verbindlich; bis dahin blieb die aktuelle Fassung 98/37/EG in Kraft (Richtlinie 98/37/EG des europäischen Parlaments und des Rates vom 22. Juni 1998 zur Angleichung der Rechts- und Verwaltungsvorschriften der Mitgliedstaaten für Maschinen).

[c] BG ETEM Berufsgenossenschaft Energie Textil Elektro Medienerzeugnisse:
DGUV-Vorschrift 3 „Elektrische Anlagen“ und Betriebsmittelprüfung nach BetrSichV,
DIN VDE 0701-0702

Tabelle 10.1 Aktuelle Richtlinien und deren Umsetzung durch aktuelle Normen für den elektromedizinischen Bereich

Im Allgemeinen spiegeln Normen die „allgemein anerkannten Regeln der Technik“ wider, haben jedoch allein keine Gesetzeskraft.

In der Praxis erstellte Normen, die durch Gesetze, Richtlinien und Verordnungen die Umsetzung elektrischer Sicherheit für medizinische elektrische Geräte unterstützen, sind in **Tabelle 10.1** dargestellt.

Der erste Blick sollte dem *Anwendungsbereich* eines Gesetzes oder einer Norm gelten. Hier fällt auf, dass die Anwendungsbereiche von Gesetzen und Normen nicht deckungsgleich sind. Auch die Begriffsbestimmungen sollten aufmerksam gelesen werden. So ist das *Medizinprodukt* im Gesetz über Medizinprodukte (Medizinproduktegesetz – MPG) deutlich anders definiert als das *medizinische elektrische Gerät* in der erstmals 1996 veröffentlichten europäischen Norm DIN EN 60601-1 (**VDE 0750-1**). Im Dezember 2013 wurde die 3. Auflage der Norm veröffentlicht.

Die Sicherheit der medizinischen elektrischen Geräte (ME-Geräte) ist ein so breit gefächertes Gebiet, dass bis heute eine umfangreiche Serie daraus geworden ist. **Tabelle 10.2** gibt Aufschluss über die inzwischen veröffentlichten Teile.

DIN EN (VDE)	**Erscheinungsdatum**	**Titel** **Medizinische elektrische Geräte –**
DIN EN 60601-1 (**VDE 0750-1**)	2013-12	Teil 1: Allgemeine Festlegungen für die Sicherheit einschließlich der wesentlichen Leistungsmerkmale
Beiblatt 2	2009-09	Grafische Symbole für elektrische Geräte in der medizinischen Anwendung
DIN EN 60601-1-1 (**VDE 0750-1-1**)	2002-08	Teil 1-1: Allgemeine Festlegungen für die Sicherheit – Ergänzungsnorm: Festlegungen für die Sicherheit von medizinischen elektrischen Systemen
DIN EN 60601-1-2 (**VDE 0750-1-2**)	2016-05	Teil 1-2: Allgemeine Festlegungen für die Sicherheit einschließlich der wesentlichen Leistungsmerkmale – Ergänzungsnorm: Elektromagnetische Störgrößen – Anforderungen und Prüfungen
DIN EN 60601-1-3 (**VDE 0750-1-3**)	2014-06	Teil 1-3: Allgemeine Festlegungen für die Sicherheit einschließlich der wesentlichen Leistungsmerkmale – Ergänzungsnorm: Strahlenschutz von diagnostischen Röntgengeräten
DIN EN 60601-1-4 (**VDE 0750-1-4**)	2001-04	Teil 1-4: Allgemeine Festlegungen für die Sicherheit – Ergänzungsnorm: Programmierbare elektrische medizinische Systeme
DIN EN 60601-1-6 (**VDE 0750-1-6**)	2016-02	Teil 1-6: Allgemeine Festlegungen für die Sicherheit einschließlich der wesentlichen Leistungsmerkmale – Ergänzungsnorm: Gebrauchstauglichkeit
DIN EN 60601-1-8 (**VDE 0750-1-8**)	2014-04	Teil 1-8: Allgemeine Festlegungen für die Sicherheit ein- schließlich der wesentlichen Leistungsmerkmale – Ergänzungsnorm: Alarmsysteme – Allgemeine Festlegungen, Prüfungen und Richtlinien für Alarmsysteme in medizinischen elektrischen Geräten und in medizinischen Systemen
DIN EN 60601-1-9 (**VDE 0750-1-9**)	2014-05	Teil 1-9: Allgemeine Festlegungen für die Sicherheit einschließlich der wesentlichen Leistungsmerkmale – Ergänzungsnorm: Anforderungen zur Reduzierung von Umweltauswirkungen
DIN EN 60601-1-10 (**VDE 0750-1-10**)	2016-04	Teil 1-10: Allgemeine Festlegungen für die Sicherheit einschließlich der wesentlichen Leistungsmerkmale – Ergänzungsnorm: Anforderungen an die Entwicklung von physiologischen geschlossenen Regelkreisen

Tabelle 10.2 Normen der Normenreihe DIN EN 60601 (**VDE 0750**) mit Erscheinungsjahr und Titel

DIN EN (VDE)	Erscheinungsdatum	Titel Medizinische elektrische Geräte –
DIN EN 60601-1-11 (**VDE 0750-1-11**)	2016-04	Teil 1-11: Besondere Festlegungen für die Sicherheit einschließlich der wesentlichen Leistungsmerkmale – Ergänzungsnorm: Anforderungen an medizinische elektrische Geräte und medizinische elektrische Systeme für die medizinische Versorgung in häuslicher Umgebung
DIN EN 60601-1-12 (**VDE 0750-1-12**)	2016-01	Teil 1-12: Allgemeine Festlegungen für die Sicherheit einschließlich der wesentlichen Leistungsmerkmale – Ergänzungsnorm: Anforderungen an medizinische elektrische Geräte und medizinische elektrische Systeme in der Umgebung für den Notfalleinsatz
DIN EN 60601-2-1 (**VDE 0750-2-1**)	2016-08	Teil 2-1: Besondere Festlegungen für die Sicherheit einschließlich der wesentlichen Leistungsmerkmale von Elektronenbeschleunigern im Bereich von 1 MeV bis 50 MeV
DIN EN 60601-2-2 (**VDE 0750-2-2**)	2010-01	Teil 2-2: Besondere Festlegungen für die Sicherheit einschließlich der wesentlichen Leistungsmerkmale von Hochfrequenz-Chirurgiegeräten und HF-chirurgischem Zubehör
Beiblatt 1	2014-02	Hochfrequenz-Chirurgiegeräte – Betrieb und Wartung
DIN EN 60601-2-3 (**VDE 0750-2-3**)	2017-10	Teil 2-3: Besondere Festlegungen für die Sicherheit einschließlich der wesentlichen Leistungsmerkmale von Kurzwellen-Therapiegeräten
DIN EN 60601-2-4 (**VDE 0750-2-4**)	2012-05	Teil 2-4: Besondere Festlegungen für die Sicherheit einschließlich der wesentlichen Leistungsmerkmale von Defibrillatoren
DIN EN 60101-2-5 (**VDE 0750-2-5**)	2016-08	Teil 2-5: Besondere Festlegungen für die Sicherheit einschließlich der wesentlichen Leistungsmerkmale von Ultraschall-Physiotherapiegeräten
DIN EN 60601-2-6 (**VDE 0750-2-6**)	2017-10	Teil 2-6: Besondere Festlegungen für die Sicherheit einschließlich der wesentlichen Leistungsmerkmale von Mikrowellen-Therapiegeräten
DIN EN 60601-2-8 (**VDE 0750-2-8**)	2016-08	Teil 2-8: Besondere Festlegungen für die Sicherheit einschließlich der wesentlichen Leistungsmerkmale von Therapie-Röntgeneinrichtungen im Bereich von 10 kV bis 1 MV
DIN EN 60601-2-10 (**VDE 0750-2-10**)	2017-09	Teil 2-10: Besondere Festlegungen für die Sicherheit einschließlich der wesentlichen Leistungsmerkmale von Geräten zur Stimulation von Nerven und Muskeln
DIN EN 60601-2-11 (**VDE 0750-2-11**)	2016-04	Teil 2-11: Besondere Festlegungen für die Strahlensicherheit von Gammabestrahlungseinrichtungen
DIN EN ISO 80601-2-12 (**VDE 0750-2-12**)	2012-02	Teil 2-12: Besondere Festlegungen für die Sicherheit einschließlich der wesentlichen Leistungsmerkmale von Beatmungsgeräten für die Intensivpflege
DIN EN ISO 80601-2-13 (**VDE 0750-2-13**)	2013-03	Teil 2-13: Besondere Festlegungen für die Sicherheit einschließlich der wesentlichen Leistungsmerkmale für Anästhesie-Arbeitsplätze

Tabelle 10.2 (*Fortsetzung*) Normen der Normenreihe DIN EN 60601 (**VDE 0750**) mit Erscheinungsjahr und Titel

DIN EN (VDE)	Erscheinungsdatum	Titel Medizinische elektrische Geräte –
DIN EN 60601-2-16 (**VDE 0750-2-16**)	2016-02	Teil 2-16: Besondere Festlegungen für die Sicherheit einschließlich der wesentlichen Leistungsmerkmale von Hämodialyse-, Hämodiafiltrations- und Hämofiltrationsgeräten
DIN EN 60601-2-17 (**VDE 0750-2-17**)	2016-03	Teil 2-17: Besondere Festlegungen für die Sicherheit einschließlich der wesentlichen Leistungsmerkmale von ferngesteuerten, automatisch betriebenen Afterloading-Geräten für die Brachytherapie
DIN EN 60601-2-18 (**VDE 0750-2-18**)	2016-10	Teil 2-18: Besondere Festlegungen für die Sicherheit einschließlich der wesentlichen Leistungsmerkmale von endoskopischen Geräten
DIN EN 60601-2-19 (**VDE 0750-2-19**)	2017-09	Teil 2-19: Besondere Festlegungen für die Sicherheit einschließlich der wesentlichen Leistungsmerkmale von Säuglingsinkubatoren
DIN EN 60601-2-20 (**VDE 0750-2-20**)	2017-09	Teil 2-20: Besondere Festlegungen für die Sicherheit einschließlich der wesentlichen Leistungsmerkmale von Transportinkubatoren
DIN EN 60601-2-21 (**VDE 0750-2-21**)	2017-09	Teil 2-21: Besondere Festlegungen für die Sicherheit einschließlich der wesentlichen Leistungsmerkmale von Säuglingswärmestrahlern
DIN EN 60601-2-22 (**VDE 0750-2-22**)	2015-08	Teil 2-22: Besondere Festlegungen für die Sicherheit einschließlich der wesentlichen Leistungsmerkmale für chirurgische, kosmetische, therapeutische und diagnostische Lasergeräte
DIN EN 60601-2-22 (**VDE 0750-2-22**) Beiblatt 1	2007-10	Sicherheit von Lasereinrichtungen – Leitfaden für die sichere Anwendung von Laserstrahlung am Menschen
DIN EN 60601-2-23 (**VDE 0750-2-23**)	2016-08	Teil 2-23: Besondere Festlegungen für die Sicherheit einschließlich der wesentlichen Leistungsmerkmale von Geräten für die transkutane Partialdrucküberwachung
DIN EN 60601-2-24 (**VDE 0750-2-24**)	2016-04	Teil 2-24: Besondere Festlegungen für die Sicherheit einschließlich der wesentlichen Leistungsmerkmale von Infusionspumpen und Infusionsreglern
DIN EN 60601-2-25 (**VDE 0750-2-25**)	2016-08	Teil 2-25: Besondere Festlegungen für die Sicherheit einschließlich der wesentlichen Leistungsmerkmale von Elektrokardiographen
DIN EN 60601-2-26 (**VDE 0750-2-26**)	2016-02	Teil 2-26: Besondere Festlegungen für die Sicherheit einschließlich der wesentlichen Leistungsmerkmale von Elektroenzephalographen
DIN EN 60601-2-27 (**VDE 0750-2-27**)	2015-04	Teil 2-27: Besondere Festlegungen für die Sicherheit einschließlich der wesentlichen Leistungsmerkmale von Elektrokardiographie-Überwachungsgeräten

Tabelle 10.2 (*Fortsetzung*) Normen der Normenreihe DIN EN 60601 (**VDE 0750**) mit Erscheinungsjahr und Titel

DIN EN (VDE)	Erschei-nungs-datum	Titel Medizinische elektrische Geräte –
DIN EN 60601-2-28 (**VDE 0750-2-28**)	2010-11	Teil 2-28: Besondere Festlegungen für die Sicherheit einschließlich der wesentlichen Leistungsmerkmale von Röntgenstrahlern für medizinische Diagnostik
DIN EN 60601-2-29 (**VDE 0750-2-29**)	2009-06	Teil 2-29: Besondere Festlegungen für die Sicherheit einschließlich der wesentlichen Leistungsmerkmale von Strahlentherapiesimulatoren
DIN EN 80601-2-30 (**VDE 0750-2-30**)	2016-02	Teil 2-30: Besondere Festlegungen für die Sicherheit einschließlich der wesentlichen Leistungsmerkmale von automatisierten nicht-invasiven Blutdruckmessgeräten
DIN EN 60601-2-31 (**VDE 0750-2-31**)	2012-04	Teil 2-31: Besondere Festlegungen für die Sicherheit einschließlich der wesentlichen Leistungsmerkmale von externen Schrittmachern mit interner Stromversorgung
DIN EN 60601-2-33 (**VDE 0750-2-33**)	2017-11	Teil 2-33: Besondere Festlegungen für die Sicherheit einschließlich der wesentlichen Leistungsmerkmale von Magnetresonanzgeräten für die medizinische Diagnostik
DIN EN 60601-2-34 (**VDE 0750-2-34**)	2015-01	Teil 2-34: Besondere Festlegungen für die Sicherheit einschließlich der wesentlichen Leistungsmerkmale von invasiven Blutdruck-Überwachungsgeräten
DIN EN 80601-2-35 (**VDE 0750-2-35**)	2017-11	Teil 2-35: Besondere Festlegungen für die Sicherheit einschließlich der wesentlichen Leistungsmerkmale von Decken, Matten und Matratzen zur Erwärmung von Patienten in der medizinischen Anwendung
DIN EN 60601-2-36 (**VDE 0750-2-36**)	2015-11	Teil 2-36: Besondere Festlegungen für die Sicherheit einschließlich der wesentlichen Leistungsmerkmale von Geräten zur extrakorporal induzierten Lithotripsie
DIN EN 60601-2-37 (**VDE 0750-2-37**)	2016-11	Teil 2-37: Besondere Festlegungen für die Sicherheit einschließlich der wesentlichen Leistungsmerkmale von Ultraschallgeräten für die medizinische Diagnose und Überwachung
DIN EN 60601-2-39 (**VDE 0750-2-39**)	2008-09	Teil 2-39: Besondere Festlegungen für die Sicherheit einschließlich der wesentlichen Leistungsmerkmale von Peritoneal-Dialyse-Geräten
DIN EN 60601-2-40 (**VDE 0750-2-40**)	1998-12	Teil 2-40: Besondere Festlegungen für die Sicherheit von Elektromyographen und Geräten für evozierte Potentiale
DIN EN 60601-2-41 (**VDE 0750-2-41**)	2016-02	Teil 2-41: Besondere Festlegungen für die Sicherheit einschließlich der wesentlichen Leistungsmerkmale von Operationsleuchten und Untersuchungsleuchten
DIN EN 60601-2-43 (**VDE 0750-2-43**)	2011-03	Teil 2-43: Besondere Festlegungen für die Sicherheit einschließlich der wesentlichen Leistungsmerkmale von Röntgeneinrichtungen für interventionelle Verfahren

Tabelle 10.2 (*Fortsetzung*) Normen der Normenreihe DIN EN 60601 (**VDE 0750**) mit Erscheinungsjahr und Titel

DIN EN (VDE)	Erschei-nungs-datum	Titel Medizinische elektrische Geräte –
DIN EN 60601-2-44 (**VDE 0750-2-44**)	2017-03	Teil 2-44: Besondere Festlegungen für die Sicherheit einschließlich der wesentlichen Leistungsmerkmale von Röntgeneinrichtungen für die Computertomographie
DIN EN 60601-2-45 (**VDE 0750-2-45**)	2017-01	Teil 2-45: Besondere Festlegungen für die Sicherheit einschließlich der wesentlichen Leistungsmerkmale von Röntgen-Mammographiegeräten und mammographischen Stereotaxie-Einrichtungen
DIN EN 60601-2-46 (**VDE 0750-2-46**)	2011-12	Teil 2-46: Besondere Festlegungen für die Sicherheit einschließlich der wesentlichen Leistungsmerkmale von Operationstischen
DIN EN 60601-2-47 (**VDE 0750-2-47**)	2016-02	Teil 2-47: Besondere Festlegungen für die Sicherheit einschließlich der wesentlichen Leistungsmerkmale von ambulanten elektrokardiographischen Systemen
DIN EN 60601-2-49 (**VDE 0750-2-49**)	2016-10	Teil 2-49: Besondere Festlegungen für die Sicherheit einschließlich der wesentlichen Leistungsmerkmale von multifunktionalen Patientenüberwachungsgeräten
DIN EN 60601-2-50 (**VDE 0750-2-50**)	2017-09	Teil 2-50: Besondere Festlegungen für die Sicherheit einschließlich der wesentlichen Leistungsmerkmale von Säuglings-Phototherapiegeräten
DIN EN 60601-2-52 (**VDE 0750-2-52**)	2016-04	Teil 2-52: Besondere Festlegungen für die Sicherheit einschließlich der wesentlichen Leistungsmerkmale von medizinischen Betten
DIN EN 60601-2-54 (**VDE 0750-2-54**)	2016-07	Teil 2-54: Besondere Festlegungen für die Sicherheit und die wesentlichen Leistungsmerkmale von Röntgeneinrichtungen für Radiographie und Radioskopie
DIN EN 60601-2-57 (**VDE 0750-2-57**)	2011-11	Teil 2-57: Besondere Festlegungen für die Sicherheit einschließlich der wesentlichen Leistungsmerkmale von Geräten mit Nicht-Laser-Lichtquellen für die Anwendung in der Therapie, Diagnose, Überwachung und für kosmetische/ästhetische Zwecke
DIN EN 80601-2-58 (**VDE 0750-2-58**)	2015-11	Teil 2-58: Besondere Festlegungen für die Sicherheit einschließlich der wesentlichen Leistungsmerkmale für Geräte zur Linsenentfernung und Geräte zur Glaskörperentfernung in der Augenchirurgie
DIN EN 80601-2-59 (**VDE 0750-2-59**)	2010-07	Teil 2-59: Besondere Anforderungen für die Sicherheit einschließlich der wesentlichen Leistungsmerkmale von Wärmebildkameras für Reihenuntersuchungen von Menschen auf Fieber
DIN EN 80601-2-60 (**VDE 0750-2**)	2016-03	Teil 2-60: Besondere Festlegungen für die Sicherheit einschließlich der wesentlichen Leistungsmerkmale von Dental-Geräten

Tabelle 10.2 (*Fortsetzung*) Normen der Normenreihe DIN EN 60601 (**VDE 0750**) mit Erscheinungsjahr und Titel

DIN EN (VDE)	Erschei-nungs-datum	Titel Medizinische elektrische Geräte –
DIN EN ISO 80601-2-61 (**VDE 0750-2-61**)	2012-01	Teil 2-61: Besondere Festlegungen für die Sicherheit einschließlich der wesentlichen Leistungsmerkmale von Pulsoximetriegeräten
DIN EN 60601-2-62 (**VDE 0750-2-62**)	2016-04	Teil 2-62: Besondere Anforderungen an die Sicherheit einschließlich der wesentlichen Leistungsmerkmale von hochintensiven therapeutischen Ultraschallsystemen (HITU-Systemen)
DIN EN 60601-2-63 (**VDE 0750-2-63**)	2016-11	Teil 2-63: Besondere Festlegungen für die Sicherheit einschließlich der wesentlichen Leistungsmerkmale von extraoralen zahnärztlichen Röntgeneinrichtungen
DIN EN 60601-2-64 (**VDE 0750-2-64**)	2018-01	Teil 2-64: Besondere Festlegungen für die Sicherheit einschließlich der wesentlichen Leistungsmerkmale von Leichtionen-Bestrahlungseinrichtungen
DIN EN 60601-2-65 (**VDE 0750-2-65**)	2016-11	Teil 2-65: Besondere Festlegungen für die Sicherheit einschließlich der wesentlichen Leistungsmerkmale von intraoralen zahnärztlichen Röntgeneinrichtungen
DIN EN 60601-2-66 (**VDE 0750-2-66**)	2015-08	Teil 2-66: Besondere Festlegungen für die Sicherheit einschließlich der wesentlichen Leistungsmerkmale von Hörgeräten und Hörgerätesystemen
DIN EN 45502-1 (**VDE 0750-10**)	2016-02	Aktive implantierbare medizinische Geräte – Teil 1: Allgemeine Festlegungen für die Sicherheit, Aufschriften und vom Hersteller zur Verfügung zu stellende Informationen
DIN EN 45502-2-1 (**VDE 0750-10-1**)	2004-08	Aktive implantierbare medizinische Geräte – Teil 2-1: Besondere Festlegungen für aktive implantierbare medizinische Geräte zur Behandlung von Bradyarrhytmie (Herzschrittmacher)
DIN EN 45502-2-2 (**VDE 0750-10-2**)	2008-10	Aktive implantierbare Medizingeräte – Teil 2-2: Besondere Festlegungen für aktive implantierbare medizinische Produkte zur Behandlung von Tachyarrhythmie (einschließlich implantierbaren Defibrillatoren)
DIN EN 45502-2-3 (**VDE 0750-10-3**)	2010-07	Aktive implantierbare Medizingeräte – Teil 2-3: Besondere Festlegungen für Cochlea-Implantatsysteme und auditorische Hirnstammimplantatsysteme
DIN EN 60118-13 (**VDE 0750-11**)	2012-02	Akustik – Hörgeräte – Teil 13: Elektromagnetische Verträglichkeit (EMV)
DIN EN 62304 (**VDE 0750-101**)	2016-10	Medizingeräte-Software – Software-Lebenszyklus-Prozesse
DIN EN 82304-1 (**VDE 0750-102-1**)	2018-04	Gesundheitssoftware – Teil 1: Allgemeine Anforderungen für die Produktsicherheit
DIN EN ISO 11197 (**VDE 0750-211**)	2016-08	Medizinische Versorgungseinheiten

Tabelle 10.2 (*Fortsetzung*) Normen der Normenreihe DIN EN 60601 (**VDE 0750**) mit Erscheinungsjahr und Titel

DIN EN (VDE)	Erscheinungsdatum	Titel Medizinische elektrische Geräte –
DIN EN 50637 (**VDE 0750-212**)	2018-07	Medizinische elektrische Geräte – Besondere Festlegungen für die Sicherheit einschließlich der wesentlichen Leistungsmerkmale von medizinischen Betten für Kinder
DIN VDE 0750-224	2003-08	Teil 224: Besondere Festlegungen für die Sicherheit von elektromedizinischen Badeeinrichtungen
DIN VDE 0750-238	2002-10	Besondere Festlegungen für die Sicherheit von Kurbelergometern
DIN EN 62366-1 (**VDE 0750-241-1**)	2017-07	Medizinprodukte – Teil 1: Anwendung der Gebrauchstauglichkeit auf Medizinprodukte

Tabelle 10.2 (*Fortsetzung*) Normen der Normenreihe DIN EN 60601 (**VDE 0750**) mit Erscheinungsjahr und Titel

10.1 Das Gesetz über Medizinprodukte (Medizinproduktegesetz – MPG)

Am 14. Januar 1985 wurde erstmalig die Medizingeräteverordnung (MedGV) erlassen. Obwohl sie in weiten Teilen durch das Medizinproduktegesetz und die Betreibervorschrift abgelöst wurde, hatte sie noch lange Zeit eine gewisse Bedeutung für die nach MedGV in Betrieb genommenen Geräte. Inzwischen ist die MedGV vom Medizinproduktegesetz vollständig abgelöst. Das Medizinproduktegesetz (kurz MP) bezeichnet in Deutschland und Österreich die nationale Umsetzung der europäischen Richtlinien 90/385/EWG für aktive implantierbare medizinische Geräte, 93/42/EWG für Medizinprodukte und 98/79/EG für In-vitro-Diagnostika. Die ursprüngliche Fassung vom 2. August 1994 trat am 1. Januar 1995 in Kraft. Die Fassung vom 7. August 2002 wurde durch BGBl. I S. 1 066 am 14. Juni 2007 geändert. Das Inkrafttreten der letzten Änderung war am 30. Juni 2007 (Art. 10 G vom 14. Juni 2007).[2]

Mit diesem Gesetz wird ein Beobachtungs- und Meldesystem eingerichtet, das mit vergleichbaren Systemen der anderen Vertragstaaten der Europäischen Union (EU) zusammenarbeitet; es dient der Erfassung und Abwehr von Risiken aus Medizinprodukten. Medizinprodukte, die nach dem neuen europäischen Recht in einem Mitgliedstaat der europäischen Wirtschaftsunion verkehrsfähig sind, sind auch in den anderen Mitgliedsstaaten verkehrsfähig.

Dadurch steht Patienten und Ärzten EU-weit der gesamte europäische Markt der Medizinprodukte zur Verfügung. Von dem Medizinprodukterecht werden über 500 000 Medizinprodukte mit einem geschätzten Jahresumsatz in Deutschland von etwa 23 Mrd. € erfasst (Stand 2007). Die europäischen und somit auch deutschen Medizinprodukte sind oft an der CE-Kennzeichnung (CE – Communauté Européenne) zu erkennen, dies bedeutet jedoch nicht gezwungenermaßen, dass jedes Produkt mit der CE-Kennzeichung ein Medizinprodukt sein muss.

[2] Die letzte Änderung vom Juli 2018 ist hier unberücksichtigt.

Das Medizinproduktgesetz geht von dem Grundsatz aus: weniger Staat zugunsten der Eigenverantwortung des Herstellers. Die Durchführung der Zulassungsverfahren wird von staatlichen Stellen auf privatrechtliche Prüfstellen übertragen. Die Hauptaufgaben der Behörden werden in der Überwachung des Warenverkehrs und der Prüfstellen sowie bei der Abwehr der Risiken liegen. Mit zwei Strafvorschriften gehört das Medizinproduktegesetz zum Nebenstrafrecht.

10.1.1 Zweck, Anwendungsbereich und Begriffsbestimmungen des Gesetzes

Der erste Abschnitt des MPG gibt Auskunft über Zweck, Anwendungsbereich und Begriffsbestimmungen. Zweck des Gesetzes ist es, den Verkehr mit Medizinprodukten zu regeln und dadurch für die Sicherheit, Eignung und Leistung der Medizinprodukte sowie die Gesundheit und den erforderlichen Schutz der Patienten, Anwender und Dritter zu sorgen.

Das Gesetz gilt für Medizinprodukte und deren Zubehör, wobei Zubehör als eigenständiges Medizinprodukt behandelt wird. Es gilt auch für das Anwenden, Betreiben und Instandhalten von Produkten, die nicht als Medizinprodukte in Verkehr gebracht wurden, aber im Sinne des MPG eingesetzt werden.

Nach dem ersten Abschnitt, § 3 MPG Begriffsbestimmungen, sind *Medizinprodukte* alle einzeln oder miteinander verbunden verwendeten Instrumente, Apparate, Vorrichtungen, Stoffe und Zubereitungen aus Stoffen oder andere Gegenstände einschließlich der für einwandfreies Funktionieren des Medizinprodukts eingesetzten Software, die vom Hersteller zur Anwendung kommen für Menschen mittels ihrer Funktion zum Zwecke:

- der Erkennung, Verhütung, Überwachung, Behandlung oder Linderung von Krankheiten,
- der Erkennung, Überwachung, Behandlung, Linderung oder Kompensierung von Verletzungen oder Behinderungen,
- der Untersuchung, der Ersetzung oder der Veränderung des anatomischen Aufbaus oder eines physiologischen Vorgangs oder
- der Empfängnisregelung.

Unter dem Begriff „*Medizinprodukte*“ versteht man also einen großen Bereich von Produkten, die im oder am menschlichen Körper weder durch pharmakologische noch immunologisch wirkende Mittel erreicht, deren Wirkungsweise aber durch solche Mittel unterstützt werden kann.

Hierzu gehören unter anderem auch medizinisch-technische Geräte (z. B. Herzschrittmacher, Röntgengeräte), Implantate, Produkte zur Injektion, Infusion, Transfusion und Dialyse (z. B. Katheter, Spritzen), medizinische Instrumente, Dentalprodukte (z. B. Zahnfüllmaterialien), Verbandstoffe, Sehhilfen, Produkte zur Empfängnisregelung sowie In-vitro-Diagnostika, die hauptsächlich dazu dienen, Informationen zu liefern über physiologische oder pathologische Zustände, Verträglichkeiten, Unbedenklichkeiten und Überwachung von therapeutischen Maßnahmen.

10.1.2 Anforderungen an Medizinprodukte und deren Betrieb

Der zweite Abschnitt des MPG regelt die Anforderungen an Medizinprodukte und deren Betrieb. Darunter fallen auch Verbote zur Sicherheit und zum Schutz des Patienten, von Anwendern und Dritten bei unsachgemäßer Anwendung, Zweckbestimmung, schädlichen Wirkungen oder Täuschung. Verantwortliche für das erstmalige Inverkehrbringen sowie die Voraussetzungen für das Inverkehrbringen und die Inbetriebnahme sind ebenso geregelt. Danach ist der Hersteller oder sein Bevollmächtigter verantwortlich für das erste Inverkehrbringen von Medizinprodukten.

10.1.3 Voraussetzungen für das Inverkehrbringen und die Inbetriebnahme

Medizinprodukte, die für Leistungsbewertungszwecke bestimmt sind, dürfen in Deutschland nur in Verkehr gebracht werden, wenn sie mit einer CE-Kennzeichnung versehen sind. Mit der CE-Kennzeichnung (**Bild 10.1**) dürfen nur Medizinprodukte versehen werden, wenn die grundlegenden Anforderungen, unter Berücksichtigung ihrer Zweckbestimmung, erfüllt sind und ein Konformitätsbewertungsverfahren durchgeführt worden ist. Gelten für das Medizinprodukt noch andere Rechtsvorschriften als das MPG, müssen diese erfüllt sein, bevor der Hersteller die CE-Kennzeichnung anbringen darf.

Bild 10.1 CE-Kennzeichnung

Ein neu auf den Markt gebrachtes Medizinprodukt muss allen für dieses Gerät zutreffenden Richtlinien entsprechen.

Der Begriff Medizinprodukt mit seinen Begriffsbestimmungen umfasst also sehr viel mehr Produkte als das in der Medizingeräteverordnung definierte medizinisch-technische Gerät oder das medizinische elektrische Gerät (ME-Gerät und ME-System) der europäischen Norm DIN EN 60601-1 (**VDE 0750-1**). Fehlen harmonisierte Normen, können zur Präzisierung der grundlegenden Anforderungen auch nationale Normen herangezogen werden.

10.1.4 Grundlegende Anforderungen

Der Artikel 7 im zweiten Abschnitt, Anforderungen an Medizinprodukte und deren Betrieb, fordert die Einhaltung der grundlegenden Anforderungen nach Anhang 1 der Richtlinie 90/385/EWG des Rates vom 20. Juni 1990, mehrmals überarbeitet und zuletzt geändert durch die Richtlinie 2000/70/EG in den jeweiligen Fassungen.

Bereits im Vorwort dieser Richtlinie wird auf dieses zentrale Thema eingegangen. Medizinprodukte müssen:

- für Patienten, Anwender und Dritte einen hochgradigen Schutz bieten,
- die vom Hersteller angegebenen Leistungen erreichen.

Das in den Mitgliedstaaten erreichte Schutzniveau soll noch verbessert werden. Die in den Anhängen festgelegten grundlegenden Anforderungen sind so zu interpretieren, dass dem Stand der Technik Rechnung getragen wird.

Stimmen Medizinprodukte mit harmonisierten Normen oder ihnen gleichgestellte Monografien des europäischen Arzneibuchs oder gemeinsamen technischen Spezifikationen überein, wird vermutet, dass sie die Bestimmungen des MPG einhalten. Kommt der Hersteller den technischen Spezifikationen nicht nach, muss er Lösungen wählen, die dem Niveau der Spezifikation zumindest gleichwertig sind.

10.1.5 Auswirkungen der europäischen Richtlinie über Medizinprodukte

Die Richtlinie 93/42/EWG des Rates vom 14. Juni 1993 über Medizinprodukte wurde in Deutschland durch das Gesetz über Medizinprodukte umgesetzt.

Was ändert sich für den Hersteller? Es sind „Spielregeln" zu beachten, wenn ein Produkt neu auf den Markt gebracht werden soll. Dies bedeutete zunächst einen gewissen Aufwand, einige Mühe und somit auch nicht zu vernachlässigende Kosten. Doch gleichzeitig sind die neuen Regelungen ein Gewinn für jedes Unternehmen. Galt es früher für jedes Land, neu um die Zulassung zu kämpfen, so ist heute nur einmal die Zulassung eines Geräts zu erwirken, um sowohl im Inland als auch im europäischen Ausland problemlos auf den Markt zu gehen. Darüber hinaus haben auch viele nicht europäische Staaten den Sinn der europäischen Regelungen erkannt und fordern das CE-Zeichen nach dem Gesetz über Medizinprodukte (MPG) als Grundvoraussetzung zur Zulassung der Produkte im jeweiligen Land.

10.2 Medizinprodukte-Betreiberverordnung – MPBetreibV

Die Verordnung über das Errichten, Betreiben und Anwenden von Medizinprodukten (MPBetreibV) basiert auf § 22 und § 23 des MPG. Sie wurde am 6. Juli 1998 in Kraft gesetzt, 2002 neu gefasst und 2006 geändert. Seit dem 1. Januar 2017 gelten neue Vorschriften für Betreiber und Anwender von Medizinprodukten.

Die MPBetreibV enthält im Wesentlichen die Anforderungen an den Betreiber und Anwender von Medizinprodukten, wie sie auch im MPG gefordert wird. In § 6 der MPBetreibV werden sicherheitstechnische Kontrollen (STK) für bestimmte Medizinprodukte gefordert. In Anlage 2 werden dazu auch entsprechende Fristen genannt. Der § 4a MPBetreibV enthält Forderungen nach Kontrolluntersuchungen und Vergleichsmessungen in medizinischen Laboratorien.

Es ist unbedingt zu beachten, dass die Nichteinhaltung der Vorschriften des MPG bzw. der MPBetreibV zum Teil strafrechtlich oder als Ordnungswidrigkeit geahndet werden können!

Aus diesem Grund wird § 6 der MPBetreibV im folgenden Kapitel näher erläutert.

10.2.1 Sicherheitstechnische Kontrollen (STK)

Der § 6 der MPBetreibV schreibt die Durchführung sicherheitstechnischer Kontrollen nach Angaben des Herstellers vor. Die STK gilt nur für Geräte nach Anlage 1:

- Nicht implantierbare aktive Medizinprodukte zur
  - Erzeugung und Anwendung elektrischer Energie zur unmittelbaren Beeinflussung der Funktion von Nerven und/oder Muskeln bzw. der Herztätigkeit einschließlich Defibrillatoren,
  - intrakardialen Messung elektrischer oder anderer Größen unter Anwendung elektrisch betriebener Messsonden in Blutgefäßen bzw. an freigelegten Blutgefäßen,
  - Erzeugung und Anwendung jeglicher Energie zur unmittelbaren Koagulation, Gewebezerstörung oder Gewebezertrümmerung von Ablagerungen in Organen,
  - unmittelbaren Einbringung von Substanzen und Flüssigkeiten in den Blutkreislauf unter potenziellem Druckaufbau;
- Säuglingsinkubatoren;
- externe aktive Komponenten aktiver Implantate.

Umfang und Fristen zu diesen Geräten werden vom Hersteller in der Gebrauchsanweisung des medizinischen Geräts festgelegt.

- Fehlen diese Angaben vom Hersteller, hat der Betreiber bei Medizinprodukten, für die sicherheitstechnische Kontrollen vorgeschrieben sind, diese nach den allgemein anerkannten Regeln der Technik in solchen Fristen durchzuführen (oder durchführen zu lassen), dass Mängel, mit denen aufgrund der Erfahrung gerechnet werden muss, rechtzeitig festgestellt werden können.

Die Kontrollen sind jedoch spätestens alle zwei Jahre durchzuführen. Die zuständige Behörde für die in Anlage 1 aufgeführten Geräte kann die Fristen im Einzelfall und in begründeten Fällen auf Antrag des Betreibers verlängern, soweit die Sicherheit auf andere Weise gewährleistet ist.

Die STK ist Teil einer Inspektion im Rahmen der Instandhaltung nach DIN 31051 „Grundlagen der Instandhaltung" und soll eine Aussage darüber geben, ob das Medizinprodukt zum Zeitpunkt der Prüfung funktionsfähig ist, sich im ordnungsgemäßen und sicheren Zustand befindet und erwarten lässt, dass es auch bis zur nächsten STK den Anforderungen der MPBetreibV entspricht.

Über die STK ist ein Protokoll mit Datum, Mess- und Beurteilungsergebnissen anzufertigen. Das Protokoll hat der Betreiber zumindest bis zur nächsten STK aufzubewahren. Nach Meinung des Autors sollte das Protokoll dem Gerätebuch beigefügt werden und erst vernichtet werden, wenn die Aufbewahrungspflicht für das Gerätebuch endet. Nur so ist sichergestellt, dass im Haftungsfall eine lückenlose Dokumentation der Prüfungen vorgelegt werden kann.

Eine sicherheitstechnische Kontrolle STK darf nur durchführen, wer:

- aufgrund seiner Ausbildung, Kenntnisse und durch praktische Tätigkeit gewonnenen Erfahrungen die Gewähr für eine ordnungsgemäße Durchführung bietet,
- hinsichtlich der Kontrollen keiner Weisung unterliegt,
- über geeignete Mess- und Prüfeinrichtungen verfügt.

Nicht nur der Prüfer muss ständig auf dem Laufenden bleiben. **Auch die Prüfgeräte müssen in der Lage sein, normgerecht zu messen**.

Leider ändern sich Normen in relativ kurzer Folge. Neu zugelassene Medizinprodukte werden vom Hersteller nach den aktuellen Normen geprüft. Wiederholungsprüfungen sind nach den Wartungsanweisungen des Herstellers durchzuführen, die natürlich ebenfalls auf den aktuellen Normen basieren. Bei der Auswahl von Prüfgeräten sollte deshalb nach den Aufrüstmöglichkeiten im Falle einer Normänderung gefragt werden.

10.2.2 Medizinprodukte mit Messfunktion

Mit dem MPG wurden die Bauartzulassungen (Feststellung der Eichfähigkeit) durch ein Konformitätsbewertungsverfahren für den Hersteller ersetzt. Der Hersteller muss nun die Genauigkeitsgrenzen für die Messbeständigkeit angeben, die durch regelmäßige Messungen (MTK) zu überprüfen sind.

Dies sind alle Medizinprodukte mit Messfunktion, die in der Anlage 2 der MPBetreibV aufgeführt sind, einschließlich der Nachprüffristen (**Tabelle 10.3**).

Medizinprodukt (MP)	Nachprüffrist in Jahren (maximal)
MP zur Bestimmung der Hörfähigkeit	1
MP zur Bestimmung der Körpertemperaturen • medizinische Elektrothermometer • Infrarot-Strahlungsthermometer	 2 1
Messgeräte zur nicht invasiven Blutdruckmessung	2
MP zur Bestimmung des Augeninnendrucks • allgemein • zur Grenzwertprüfung	 2 5
diverse Therapiedosimeter (Details sind der Anlage 2 MPBetreibV zu entnehmen)	2 bis 6

Tabelle 10.3 Nachprüffristen für messtechnische Kontrollen (MTK) nach Anlage 2 MPBetreibV

Dies gilt auch für alle übrigen Medizinprodukte, für die der Hersteller solche Kontrollen vorgesehen hat. Die Durchführung der Kontrollen richtet sich nach:

- den Maßgaben des § 11 MPBetreibV,
- den allgemein anerkannten Regeln der Technik.

Für die Festlegung der Fehlergrenzen gelten die Angaben des Herstellers in seiner Gebrauchsanleitung; enthält diese keine Angaben, dann sind harmonisierte Normen zu beachten; enthalten auch diese keine Angaben, dann ist vom Stand der Technik auszugehen.

Für die messtechnischen Kontrollen dürfen nur messtechnische Normale benutzt werden, die rückverfolgbar an ein nationales oder internationales Normal angeschlossen sind und hinreichend kleine Fehlergrenzen einhalten.

Auch bei den Fristen gibt es ein gestaffeltes Vorgehen. Die Fristen für messtechnische Kontrollen richten sich nach den Angaben des Herstellers.

Falls die Produkte dort nicht erfasst sind, dann ist die Frist so zu bemessen, dass entstehende Mängel, mit denen aufgrund der Erfahrung gerechnet werden muss, rechtzeitig erkannt werden – mindestens jedoch alle zwei Jahre.

10.3 Allgemein anerkannte Regeln der Technik

Es wurde bereits mehrmals von den „allgemein anerkannten Regeln der Technik" gesprochen, die technische Details für die Konstruktion und den Betrieb von Geräten festlegen. Dies sind im Wesentlichen die im Medizinbereich anzuwendenden DIN-Normen, EN-Normen und VDE-Bestimmungen. Sie orientieren sich am jeweiligen Stand der Technik.

DIN VDE 1000; DIN 31000 „Allgemeine Leitsätze für das sicherheitsgerechte Gestalten technischer Erzeugnisse" (einschließlich Änderung 1 von 2007) gilt als Basis für die Gestaltung von Sicherheitsnormen bzw. von VDE-Bestimmungen.

DIN EN 60601-1 (**VDE 0750-1**) „Medizinische elektrische Geräte – Teil 1: Allgemeine Festlegungen für die Sicherheit einschließlich der wesentlichen Leistungsmerkmale" ist die Grundnorm für elektrische medizinische Geräte. Sie enthält Angaben, die für Entwicklung und Herstellung dieser Geräte unter sicherheitstechnischen Aspekten zu beachten sind.

DIN EN 62353 (**VDE 0751-1**) „Medizinische elektrische Geräte – Wiederholungsprüfungen und Prüfung nach Instandsetzung von medizinischen elektrischen Geräten" beschreibt Messverfahren zur Überprüfung der elektrischen Sicherheit. Es ist einzusehen, dass Instandsetzungen oder Änderungen von Geräten nicht die Sicherheit von Patienten oder Personal mindern dürfen.

DIN VDE 0701-0702 „Prüfung nach Instandsetzung, Änderung elektrischer Geräte – Wiederholungsprüfung elektrischer Geräte – Allgemeine Anforderungen für die elektrische Sicherheit“ regelt die Wiederholungsprüfungen an elektrischen Geräten. Sie gilt für die Prüfverfahren und Grenzwerte der Wiederholungsprüfung zur Feststellung der elektrischen Sicherheit an elektrischen Geräten, die durch eine Steckvorrichtung von der elektrischen Anlage getrennt werden können.

Die Prüfungen sind von Elektrofachkräften oder, bei Verwendung geeigneter Prüfgeräte und Kontrollen, auch von elektrotechnisch unterwiesenen Personen durchzuführen.

Allein die oben aufgeführten Normen und VDE-Bestimmungen zeigen die Komplexität der Anforderungen an die anzuwendenden Prüfgeräte (**Bild 10.2**), die in der Lage sind, die unterschiedlichen Grenzwerte präzise vorzugeben. Nur wenn dies sichergestellt ist, ist es dem Prüfer möglich, die notwendigen Prüfungen einfach, kostengünstig und fachgerecht durchzuführen.

Diese Normen sind im Kapitel 11 weiter erläutert.

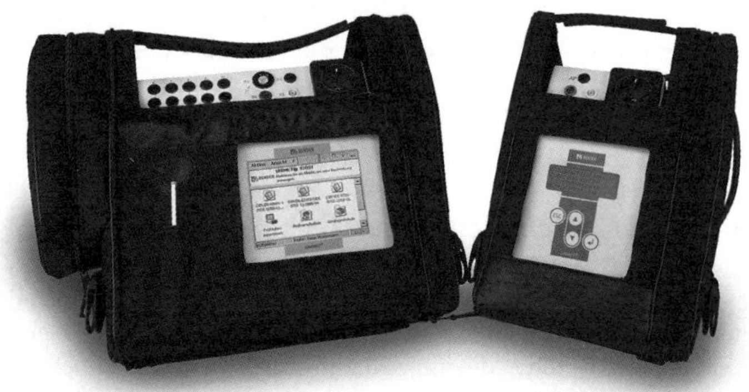

Bild 10.2 Sicherheitstester Typ UNIMET 810ST für medizinische elektrische Geräte und elektrische Betriebsmittel
Bild: Fa. Bender, Grünberg

10.4 Literatur

[10.1] Umwelt-online Bundesratsdrucksache; Entschließung des Europäischen Parlaments vom 17. November 2007; www.eppgroup.eu

[10.2] Jahresbericht der EVP-Fraktion über die Tätigkeiten 2012 im Europäischen Parlament. Brüssel/Belgien: EVP Presse und Kommunikationsdienst, 2012. – Online-Dokument unter www.eppgroup.eu/de/publications

11 Prüfungen und Messungen

11.1 Wiederholungsprüfungen und Prüfungen vor der Inbetriebnahme von medizinischen elektrischen Geräten oder Systemen nach DIN EN 62353 (VDE 0751-1):2015-10

Die im Oktober 2001 veröffentlichte DIN VDE 0751-1 „Instandsetzung, Änderung und Prüfung von medizinischen elektrischen Geräten; Allgemeine Festlegungen" wurde im August 2008 ersetzt durch eine neue und umstrukturierte Norm, die DIN EN 62353 (**VDE 0751-1**) „Medizinische elektrische Geräte – Wiederholungsprüfungen und Prüfung nach Instandsetzung von medizinischen elektrischen Geräten", die auf IEC 62353:2007-05 basiert. Wie man dem geänderten Titel schon entnehmen kann, präzisiert diese neue Norm Anforderungen, um die elektrische Sicherheit von elektromedizinischen Einrichtungen und Systemen sicherzustellen.

Auch diese Norm wurde zwischenzeitlich überarbeitet und im Oktober 2015 veröffentlicht. Die wichtigsten Änderungen waren:

- Defibrillator – es gilt ein höherer Patientenableitstrom von 100 µA bei CF,
- fahrbares Röntgengerät – es gilt ein höherer Ableitstrom von 2 mA pro Außenleiter bei Differenzstrommessung oder direkter Messung bzw. 5 mA bei der EGA-Messung,
- ME-System ohne RCD – Schutzleiterwiderstand max. 0,3 Ω,
- ME-System mit RCD – Schutzleiterwiderstand max. 0,5 Ω.

IEC 62353 „*Medical electrical equipment – Recurrent test and test after repair of medical electrical equipment*" und deren deutsche Spiegelnorm DIN EN 62353 (**VDE 0751-1**), erarbeitet vom Technical Committee TC 62A, ist ein Versuch, die vielen nationalen Normen unter einen Hut zu bekommen, um die sichere Bedienung und Prüfung von medizinischen elektrischen Geräten zu gewährleisten.

Um diesen Anforderungen gerecht zu werden, bezieht DIN EN 62353 (**VDE 0751-1**) Prüfungen ein, die von den üblichen Typprüfungen nach DIN EN 60601-1 (**VDE 0750-1**) abweichen. Im Speziellen versucht sie, ein einheitliches und unmissverständliches Mittel bereitzustellen, die Risiken für die Person, die die Prüfungen durchführt, zu minimieren.

Wichtig ist auch, dass die neue DIN EN 62353 (**VDE 0751-1**) anerkennt, dass die Laborbedingungen, wie sie in der DIN EN 60601-1 (**VDE 0750-1**):2013-12 (vgl. Abschnitt 12.3) „Medizinische elektrische Geräte – Teil 1: Allgemeine Festlegungen für die Sicherheit, einschließlich der wesentlichen Leistungsmerkmale" beschrieben sind, beim Prüfen von elektromedizinischen Geräten nicht immer garantiert werden können. Deshalb können Messungen, die bestimmte Umgebungsbedingungen brauchen, nicht immer angewendet werden oder vereinbar sein für die Prüfung von Einrichtungen, die bereits in Gebrauch sind. Ein weiterer Faktor ist, dass Geräte potenziell beschädigt werden können, wenn sie im Einsatz sind und unter Typtestbedingungen geprüft werden. Sie können so ein Gefahrenpotenzial für den Anwender darstellen.

Diese Norm kann herangezogen werden, um den sicherheitstechnischen Zustand von medizinischen elektrischen Geräten oder Teilen solcher Geräte zu beurteilen, z. B. bei Inspektion, Wartung, sicherheitstechnischen Kontrollen, Inbetriebnahme-Prüfungen, Wiederholungsprüfungen oder Prüfungen nach Reparaturen und Instandsetzung.

11.1.1 Anwendungsbereich, allgemeine Anforderungen und Prüfungen nach DIN EN 62353 (VDE 0751-1):2015-10

Die vorliegende Norm gilt für Prüfungen von medizinischen elektrischen Geräten oder medizinischen elektrischen Systemen – im Folgenden ME-Geräte und ME-Systeme genannt.

Die Anforderungen gelten für:

- Prüfungen vor der Inbetriebnahme von ME-Geräten und ME-Systemen,
- Wiederholungsprüfungen,
- Prüfungen nach Instandsetzung.

Anzahl und Umfang der Prüfungen müssen sicherstellen, dass die Sicherheit der ME-Geräte und ME-Systeme beurteilt werden kann. Auch die Bezugswerte und Herstellerangaben müssen berücksichtigt werden.

In der Regel müssen die Prüfungen nach Abschnitt 5 der Norm durchgeführt werden. Auszüge davon sind im Folgenden beschrieben.

Messverfahren und Messergebnisse müssen dokumentiert werden.

Vor der ersten Inbetriebnahme von neuen oder abgeänderten, von noch nicht nach Abschnitt 5 der Norm geprüften und nach Instandsetzung von ME-Geräten oder ME-Systemen müssen die in Abschnitt 5 angeführten Prüfungen durchgeführt werden.

Auch bei Wiederholungsprüfungen müssen die Prüfungen nach Abschnitt 5 durchgeführt werden. Falls bei Wiederholungsprüfungen die Messwerte der Ableitströme mehr als 90 % der zulässigen Grenzwerte erreichen, müssen die zuvor gemessenen Werte zur Beurteilung der elektrischen Sicherheit herangezogen werden. Bei sprunghaftem Anstieg der Messwerte sollte die Prüffrist zwischen den anstehenden Wiederholungsprüfungen verkürzt werden.

Bild 11.1 zeigt ein tragbares, universelles Prüfsystem zum Prüfen von ME-Geräten und elektrischen Betriebsmitteln mit Ordnern für Prüfvorschriften und Geräteprotokolle, normgerecht für Wiederholungsprüfungen und Prüfungen vor Inbetriebnahme von ME-Geräten oder Systemen nach DIN EN 62353 (**VDE 0751-1**) und DIN VDE 0701-0702.

Bild 11.1 Tragbares Prüfgerät zur Prüfung von ME-Geräten und ME-Systemen, Typ UNIMET 800ST
Bild: Fa. Bender, Grünberg

Die folgenden Prüfungen und Messungen sind im Abschnitt 5 von DIN EN 62353 (**VDE 0751-1**) aufgeführt:

- Inspektion der Begleitpapiere,
- Inspektion durch Besichtigung,
- Messung des Schutzleiterwiderstands,
- Messung der Ableitströme (Geräteableitströme oder Ableitstrom vom Anwendungsteil),
- Messung des Isolationswiderstands,
- Funktionsprüfung.

Im Folgenden werden die dem Thema dieses Kapitels entsprechenden Auszüge aus der Norm vorgestellt. Als Legende zu den nachfolgenden Bildern dient **Tabelle 11.1**.

(~)	Versorgungsnetz	(⏚)	Schutzerde (Erde)
L, N	Versorgungsnetz-Anschlussklemmen	PE	Schutzleiteranschluss
MP	Netzteil	AP	Anwendungsteil
AP	Anwendungsteil des Typs F	AP1, AP2	Anwendungsteile mit verschiedenen Funktionen
MD	Messanordnung (siehe Bild 9.3)	M	Differenzstrommesseinrichtung mit Frequenzgang wie MD
Ω	Widerstandsmesseinrichtung	MΩ	Isolationswiderstandsmesseinrichtung
NC	Normalzustand	SFC	erster Fehler
	Verbindung zu berührbaren leitfähigen Teilen, die nicht mit dem Schutzleiter verbunden sind		Verbindung zu berührbaren leitfähigen Teilen
....	optionale Verbindung		

Tabelle 11.1 Legende der Abkürzungen und Bildzeichen (nach DIN EN 62353 (**VDE 0751-1**):2015-10, Tabelle 1)

11.1.2 Messung des Schutzleiterwiderstands

Die Messung des Schutzleiterwiderstands dient bei ME-Geräten der Schutzklasse I dem Nachweis der sicheren Verbindung aller berührbaren leitfähigen Teile, die im Fehlerfall spannungsführend werden können, entweder mit dem Schutzleiteranschluss des Netzsteckers von steckbaren Geräten oder mit dem Schutzleiteranschluss von fest angeschlossenen Geräten.

Die Messung mit einer Messeinrichtung, die einen Messstrom von mindestens 200 mA bei 500 mΩ erreicht, erfolgt im ausgeschalteten bzw. vom Netz getrennten Zustand des Prüflings (**Bild 11.2**). Bei fest angeschlossenen Geräten darf auch im Betrieb gemessen werden. Die Leerlaufspannung der Messspannungsquelle darf in einem Bereich von 4 V bis 24 V liegen.

Bei der Prüfung werden alle berührbaren Teile mit der Prüfspitze abgetastet. Der schlechteste (hochohmigste) Wert wird protokolliert.

Bei fest angeschlossenen Geräten muss die Verbindung zum PE-Anschluss des Geräts mit einer Prüfklemme hergestellt werden.

Tabelle 11.2 zeigt die Grenzwerte des Schutzleiterwiderstands, die nicht überschritten werden dürfen und eingehalten werden müssen.

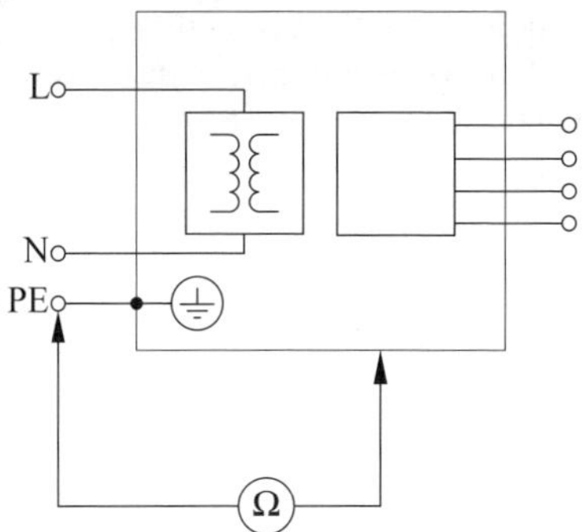

Bild 11.2 Messkreis für die Messung des Schutzleiterwiderstands bei ME-Geräten, die vom Versorgungsnetz getrennt sind
(nach DIN EN 62353 (**VDE 0751-1**):2015-10, Bild 1)

		Grenzwerte des Schutzleiterwiderstands	
Geräte, die vom Netz getrennt werden können	feste Netzanschlussleitung		0,3 Ω
	abnehmbare Netzanschlussleitung	zwischen Schutzkontakt des Gerätsteckers und berührbaren Teilen des ME-Geräts	0,2 Ω
		Netzanschlussleitung allein	0,1 Ω
		oder: Netzanschlussleitung zusammen mit dem ME-Gerät	0,3 Ω
	ME-System mit Mehrfachsteckdose	Gesamtwiderstand zwischen dem Schutzleiter des Netzsteckers der Mehrfachsteckdose und den leitfähigen berührbaren Teilen des ME-Systems	0,5 Ω
fest angeschlossene Geräte	zwischen Schutzleiteranschlussklemme und den leitfähigen berührbaren Teilen des ME-Geräts		0,3 Ω

Tabelle 11.2 Grenzwert für PE-Anschlüsse und Messbedingungen
(nach DIN EN 62353 (**VDE 0751-1**):2015-10, Werte aus 5.3.2.2 a bis d)

11.1.3 Messung des Ableitstroms vom Anwendungsteil

Die Norm definiert die Anwendungsteile, die die in IEC 60601-1 festgelegten Anforderungen einhalten, wie folgt:

- Anwendungsteil des Typs B: ein Anwendungsteil, das einen Schutz gegen elektrischen Schlag gewährt, insbesondere unter Beachtung des zulässigen Patientenableitstroms und Patientenhilfsstroms.
- Bei Messungen des Ableitstroms von Anwendungsteilen des Typs B ist üblicherweise keine getrennte Messung erforderlich. Die Anwendungsteile werden an das Gehäuse angeschlossen und bei der Messung des Gehäuseableitstroms mit erfasst, wobei dieselben zulässigen Werte gelten (Herstellerangaben beachten).

- Anwendungsteil des Typs BF: Anwendungsteil des Typs F, das einen höherwertigen Schutz gegen elektrischen Schlag gewährt als Anwendungsteile des Typs B und das gegenüber dem Netzteil und dem Gehäuse nicht isoliert ist.
- Anwendungsteil des Typs CF: Anwendungsteil des Typs F, das einen höherwertigen Schutz gegen elektrischen Schlag gewährt als Anwendungsteile des Typs BF und das gegenüber dem Netzteil und dem Gehäuse nicht isoliert ist.

Messungen von Anwendungsteilen des Typs F müssen von allen miteinander verbundenen Patientenanschlüssen einer Einzelfunktion des Anwendungsteils nach den Bildern 9, 10 und 11 der Norm (Bild 11.3, Bild 11.4 und Bild 11.5) gemessen werden. Bei Prüfungen von ME-Geräten mit mehreren Anwendungsteilen sind diese nacheinander anzuschließen und die Messergebnisse mit den Grenzwerten nach Tabelle 11.3 zu bewerten. Zulässige Werte sind in Tabelle 11.3 gelistet.

11.1.3.1 Ersatzmessung

Bei ME-Geräten mit einem Anwendungsteil des Typs F werden die Messungen für netzbetriebene ME-Geräte entsprechend Bild 9 der Norm (**Bild 11.3**) durchgeführt. Die Ersatzmessung wird mit einer Prüfspannung in Höhe der vorhandenen Netzspannung durchgeführt und darf nur an ME-Geräten mit isolierten Anwendungsteilen nach IEC 60601-1 angewendet werden.

Die Messung des Ableitstroms von Anwendungsteilen – Ersatzmessung (Bild 11.3) ermittelt den Strom, der vom unter Spannung stehenden Anwendungsteil zum Schutzleiter fließt. Diese Messung ist nur bei Anwendungsteilen vom Typ F anwendbar (isoliertes Anwendungsteil). Hierbei wird eine hochohmige Messspannungsquelle zwischen die kurzgeschlossenen Netzanschlüsse und die kurzgeschlossenen Patientenanschlüsse des Anwendungsteils gelegt. Der über die Isolierung und das MD fließende Ableitstrom wird gemessen. Durch diese Anordnung kann es durch zufällige Erdverbindungen zu keinem Messfehler kommen.

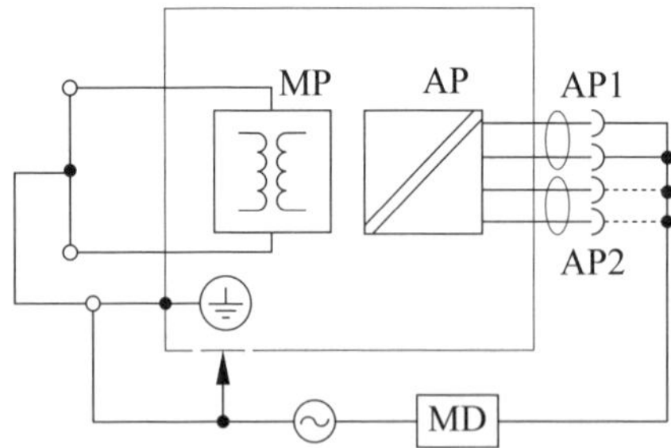

Bild 11.3 Messkreis für die Messung des Ableitstroms von Anwendungsteilen des Typs F – Ersatzmessung an einem Gerät der Schutzklasse I
(nach DIN EN 62353 (**VDE 0751-1**):2015-10, Bild 9)

11.1.3.2 Direktmessung

Die Messungen werden durchgeführt:

- bei Netzspannung und in jeder Position des Netzsteckers, falls anwendbar,
- nach Bild 10 der Norm (**Bild 11.4**),
- nach Bild 11 der Norm (**Bild 11.5**) an ME-Geräten mit einer geräteeigenen Stromversorgung.

Im Falle eines IT-Stromversorgungssystems erfordert diese Messung einen speziellen Messkreis, z. B. Messgerät mit TN-Systemnachbildung.

Bei Anwendungsteilen vom Typ F wird der Strom gemessen, der vom Anwendungsteil über einen Patienten zur Erde fließt (Bild 11.5).

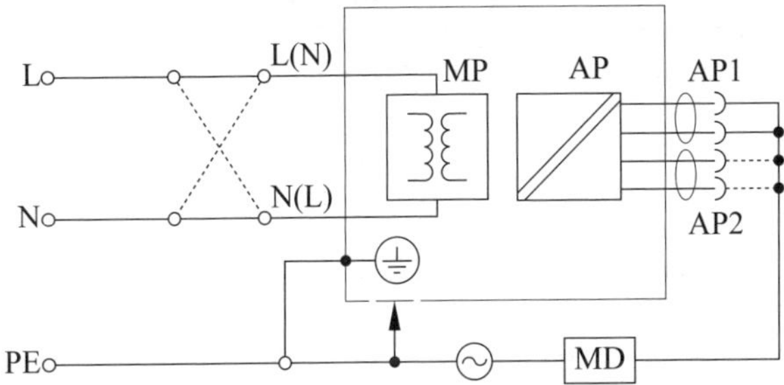

Bild 11.4 Messkreis für die Messung des Ableitstroms von Anwendungsteil – Netzspannung am Anwendungsteil des Typs F – Direktmessung an einem Gerät der Schutzklasse II (nach DIN EN 62353 (**VDE 0751-1**):2015-10, Bild 10)

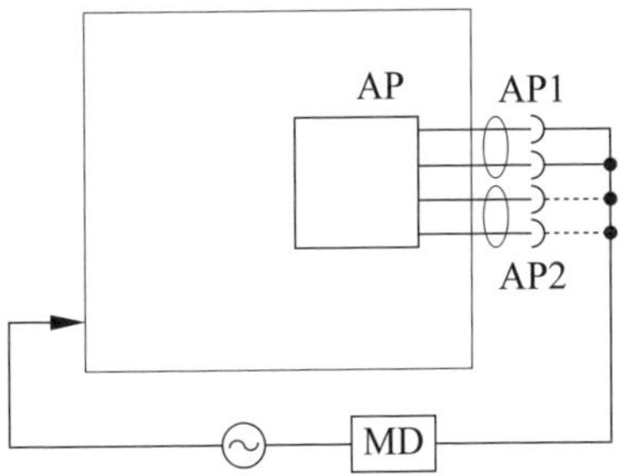

Bild 11.5 Messkreis für die Messung des Ableitstroms vom Anwendungsteil bei Geräten mit einer geräteeigenen Stromversorgung – Direktmessung
(nach DIN EN 62353 (**VDE 0751-1**):2015-10, Bild 11)

11.1.4 Messung der Ableitströme nach DIN EN 62353 (VDE 0751-1):2015-10

Im Allgemeinen sind nach DIN EN 62353 (**VDE 0751-1**):2015-10 Ableitströme an ME-Geräten und ME-Systemen zu ermitteln. Abhängig vom ME-Gerät oder ME-System fordert die Norm eines der folgenden Verfahren:

- Ersatzmessung,
- Direktmessung,
- Differenzstrommessung.

Die Ableitströme dürfen die Werte nach **Tabelle 11.3** nicht überschreiten. Dies gilt nicht nur für ME-Geräte und ME-Systeme, sondern auch für andere elektrische (Nicht-ME-)Geräte in der Patientenumgebung.

Bei fest angeschlossenen Geräten ist die Messung nicht erforderlich, wenn die Schutzmaßnahmen gegen elektrischen Schlag im Versorgungsnetz DIN VDE 0100-710 „Medizinisch genutzte Bereiche" entsprechen und regelmäßige Prüfungen dazu durchgeführt werden.

Strom	**Anwendungsteil**		
	Typ B	**Typ BF**	**Typ CF**
Geräteableitstrom – **Ersatzmessung** (Bild 6 der Norm)			
• für berührbare leitfähige Teile von ME-Geräten der Schutzklasse I	1 000	1 000	1 000
• für berührbare leitfähige Teile von ME-Geräten der Schutzklasse II	500	500	500
Geräteableitstrom – **Direktmessung oder Differenzstrommessung** (Bild 7 oder Bild 8 der Norm)			
• für berührbare leitfähige Teile von ME-Geräten der Schutzklasse I	500	500	500
• für berührbare leitfähige Teile von ME-Geräten der Schutzklasse II	100	100	100
Berührungsstrom (siehe Bild A.2 aber bei Normalzustand und Bild A.3 der Norm)			
• für berührbare leitfähige Teile	100	100	100
Ableitstrom vom Anwendungsteil – **Ersatzmessung (Wechselstrom)**			
• nach Abschnitt 5.3.4.3.1 der Norm (Bild 9 der Norm)	–	5 000	50
Ableitstrom vom Anwendungsteil – **Direktmessung (Wechselstrom)**			
• nach Abschnitt 5.3.4.3.1 der Norm (Bild 10 oder Bild 11 der Norm)	–	5 000	50
Anmerkung 1: Diese Tabelle enthält keine Messverfahren und zulässigen Werte für Geräte, die Gleichstromableitströme erzeugen.			
Anmerkung 2: Besondere Festlegungen können andere Werte für den Ableitstrom zulassen. Zum Beispiel: • Defibrillator-Elektroden, Anwendungsteil des Typs CF: Ableitstrom vom Anwendungsteil: 100 µA; • fahrbare Röntgenstrahlenerzeuger, Geräteableitstrom, Ersatzmessung: 5 000 µA, Direkt- oder Differenzmessung: 2 000 µA.			

Tabelle 11.3 Zulässige Werte für Ableitströme
(nach DIN EN 62353 (**VDE 0751-1**):2015-10, Tabelle 3)

11.1.4.1 Messung des Geräteableitstroms – Ersatzmessung

Diese Messung ist für Geräte mit geräteeigener Stromversorgung nicht anwendbar. Bei der Ersatzmessung des Geräteableitstroms wird das Gerät vom Netz getrennt und nach Bild 6 der Norm gemessen (**Bild 11.6**). Die Schalter im Netzteil müssen bei der Messung wie im Betriebszustand geschlossen sein, um alle Isolierungen des Netzteils in die Messung einzubeziehen. Wenn der gemessene Wert der Ersatzmessung 5 mA überschreitet, müssen andere Messverfahren durchgeführt werden.

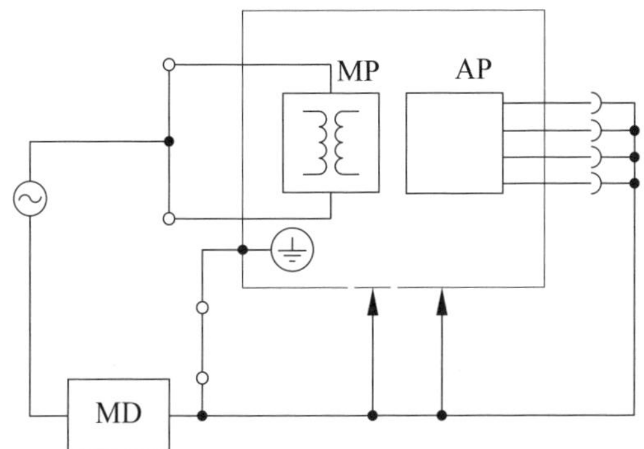

Bild 11.6 Messkreis für die Messung des Geräteableitstroms – Ersatzmessung an einem Gerät der Schutzklasse I
(nach DIN EN 62353 (**VDE 0751-1**):2015-10, Bild 6)

Im Anhang A „Allgemeine Erklärungen und Begründung“ wird dazu Folgendes erläutert:

„Dieses besondere Messverfahren für die Ersatz-Geräteableitströme ist aufgrund seiner guten Reproduzierbarkeit, verglichen mit den anderen Messverfahren an in Betrieb befindlichen ME-Geräten (wegen der galvanischen Isolierung), vorteilhafter. Alle Netzspannung führenden Teile sind zusammengeschlossen und gleichzeitig mit Netzspannung beaufschlagt.

Die Ersatzmessung ist ungeeignet für die Messung an ME-Geräten, die aktive Schaltungen enthalten, wie z. B. Relais, getaktete Stromversorgung usw.

Die zulässigen Werte für die Ersatzmessung sollten der Summe der Werte der Direktmessung oder Differenzstrommessung jeder der beiden Polaritäten entsprechen, da beide Pole gleichzeitig an die Netzspannung angeschlossen sind. Es wurde entschieden, dass die Werte das Doppelte der Werte nach IEC 60601-1 betragen sollen, selbst wenn in den meisten Fällen die Isolation nicht symmetrisch ist. Die einzige Ausnahme wurde für den Geräteableitstrom gemacht, für den der zulässige Wert dem Zweifachen von 100 µA entsprechen würde. Da jedoch IEC 60601-1 beim ersten Fehler 500 µA für den Berührungsstrom zulässt, wurde derselbe Wert für den Geräteableitstrom festgelegt, um die Anzahl verschiedener Werte zu verringern.“

Bei der Messung wird eine hochohmige Messspannungsquelle zwischen die kurzgeschlossenen Netzanschlüsse und die berührbaren, metallischen Teile des Gehäuses gelegt. Die Patientenanschlüsse des Anwendungsteils werden kurzgeschlossen und an diesem Punkt angeschlossen. Der über die Isolierung und das MD (Measuring Device) fließende Ableitstrom wird gemessen.

11.1.4.2 Messung des Geräteableitstroms – Direktmessung

Die Direktmessungen werden durchgeführt:

- bei Netzspannung,
- in jeder Position des Netzsteckers, falls anwendbar,
- nach Bild 7 der Norm (**Bild 11.7**).

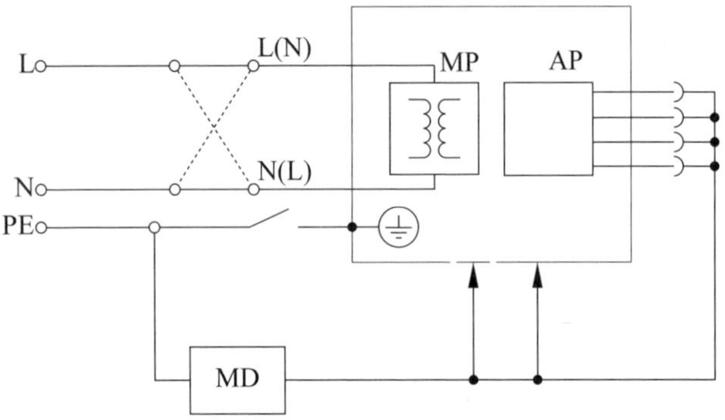

Bild 11.7 Messkreis für die Messung des Geräteableitstroms – Direktmessung an einem Gerät der Schutzklasse I
(nach DIN EN 62353 (**VDE 0751-1**):2015-10, Bild 7)

Im Falle eines IT-Stromversorgungssystems erfordert diese Messung einen speziellen Messkreis, z. B. Messgerät mit integriertem TN-System.

Während der Messung muss das Gerät, mit Ausnahme des Schutzleiters in der Netzanschlussleitung, von Erde getrennt sein. Anderenfalls ist das Verfahren der Direktmessung nicht anwendbar.

11.1.4.3 Messung des Geräteableitstroms – Differenzstrommessung

Die Differenzstrommessungen werden durchgeführt:

- bei Netzspannung,
- in jeder Position des Netzsteckers, falls anwendbar,
- nach Bild 8 der Norm (**Bild 11.8**).

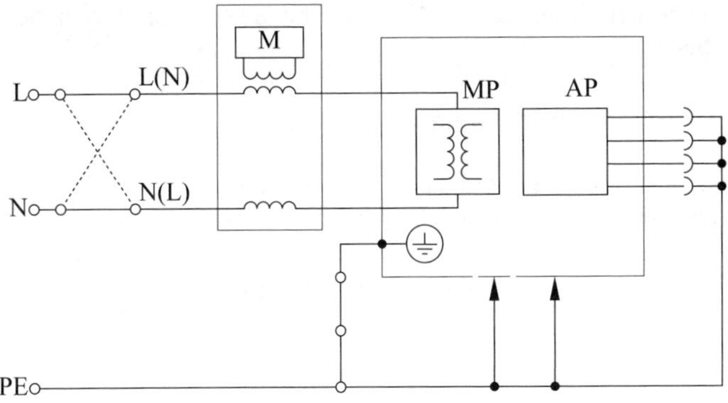

Bild 11.8 Messkreis für die Messung des Geräteableitstroms – Differenzstrommessung an einem Gerät der Schutzklasse I
(nach DIN EN 62353 (**VDE 0751-1**):2015-10, Bild 8)

Im Anhang A „Allgemeine Erklärungen und Begründung" wird erläutert:

„Die Differenzstrommessung ermittelt die Summe der Momentanwerte aller Ströme in den aktiven Leitern des Versorgungsnetzes. Die Vektorsumme des Augenblickstroms, der durch den Hauptstromkreis fließt, ist in der IEC 62020 definiert und allgemein als „Fehlerstrom" bekannt."

Diese Summe des Fehlerstroms wird üblicherweise durch einen Summenstromwandler ermittelt. ME-Geräte führen einen sehr geringen Fehlerstrom. Wenn Fehlerströme auftreten, werden diese als Differenzströme erkannt und in einer Sekundärwicklung des Summenstromwandlers weiterverarbeitet.

„Dieses Messverfahren erlaubt Messungen an einem nicht isoliert aufgestellten ME-Gerät. Der Prüfling darf ohne Verwendung eines Transformators direkt aus dem Netz betrieben werden.

Das Messverfahren für den Fehlerstrom ist bei ME-Geräten mit elektronischen Netzteilen (z. B. Schaltnetzteilen) nicht immer anwendbar. Bei Anwendung dieses Verfahrens sollten die Angaben vom Hersteller des ME-Geräts oder ME-Systems und des Messgeräts (Messwandler) berücksichtigt werden."

Die Differenzstrommessungen nach Abschnitt 5.3.3.2.4 erfolgen im Betriebszustand des Geräts. Je nachdem, ob das Gerät bei der Messung isoliert aufgestellt ist oder nicht, dürfen alternativ folgende Messverfahren angewendet werden:

- isoliert aufgestellte Geräte:
  - Geräteableitstrom/Direktmessung (Bild 11.6),
  - Geräteableitstrom/Differenzstrommessung (Bild 11.7);
- nicht isoliert aufgestellte Geräte:
  - Geräteableitstrom/Differenzstrommessung (Bild 11.7).

Die Messung muss in beiden Polungen des Netzanschlusses erfolgen. Der höhere Wert wird dokumentiert.

11.1.5 Messung des Isolationswiderstands

Bei Isolationswiderstandsmessungen wird das Gerät vom Versorgungsnetz getrennt und der Isolationswiderstand des Geräts nach Bild 9 der Norm (**Bild 11.9**) gemessen. Während der Messung müssen sich alle Schalter des Netzteils in der Betriebsstellung (EIN) befinden, um, soweit anwendbar, alle Isolierungen des Netzteils in die Messung einzuschließen. Diese Messungen müssen mit einer Gleichspannung von 500 V durchgeführt werden.

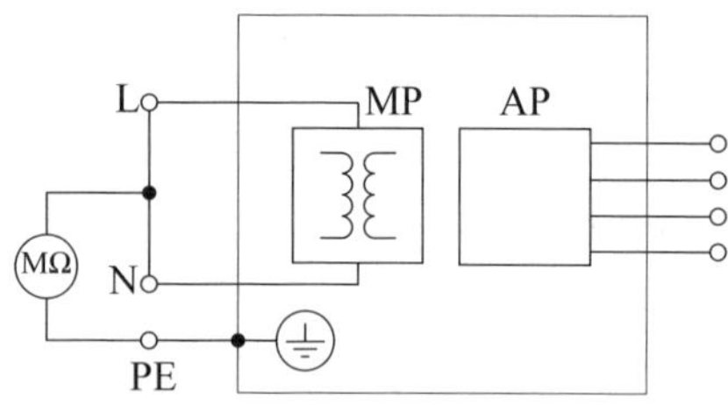

Bild 11.9 Messkreis für die Messung des Isolationswiderstands zwischen Netzteil und Schutzerde bei Geräten der Schutzklasse I
(nach DIN EN 62353 (**VDE 0751-1**):2015-10, Bild 9)

Bild in DIN EN 62353 (VDE 0751-1):2015-10	**Schutzklasse I**	**Schutzklasse II**
3, oben	≥ 2 MΩ	–
3, unten	≥ 7 MΩ	≥ 7 MΩ
4, Typ B	≥ 2 MΩ	≥ 7 MΩ
4, Typ F	≥ 70 MΩ	≥ 70 MΩ
5	≥ 70 MΩ	≥ 70 MΩ

Tabelle 11.4 Werte für den Isolationswiderstand
(nach DIN EN 62353 (**VDE 0751-1**):2015-10, Tabelle 2)

11.2 Instandsetzung, Änderung und Prüfung elektrischer Geräte nach DIN VDE 0701-0702:2008-06

Diese Norm fasst die beiden Normen DIN VDE 0701 und DIN VDE 0702 in einem einzigen Dokument zusammen. Die neue Nummerierung der Norm DIN VDE 0701-0702 „Prüfung nach Instandsetzung, Änderung elektrischer Geräte – Wiederholungsprüfung elektrischer Geräte – Allgemeine Anforderungen für die elektrische Sicherheit" soll dies zum Ausdruck bringen. Mit der Zusammenfassung soll die Anwendung der Norm erleichtert werden, da oft Prüfungen nach Instandsetzung und Änderung von unterschiedlichen elektrischen Geräten sowie Wiederholungsprüfungen von denselben Organisationen durchgeführt werden. Auch wird mit der Zusammenfassung aller Anforderungen in einer einzigen Norm eine bessere Übersichtlichkeit bei der Anwendung erreicht.

Gegenüber den Normen DIN VDE 0701-1:2000-09 und Ausgabe 2004-06, die seit ihrem Erscheinen als VDE 0701-1:1993-05 und als VDE 0702-1:1995-11 redaktionell und technisch vollständig überarbeitet wurden, wurden 2008 im Wesentlichen, wie im Vorwort erklärt, die folgenden Änderungen vorgenommen:

- Der Untertitel wurde um den Zusatz „… für die elektrische Sicherheit" ergänzt, um den gegenüber einer kompletten Wiederholungsprüfung eingeschränkten Anwendungsbereich der Norm bereits im Titel deutlich zum Ausdruck zu bringen.
- Die Prüfabläufe für die Prüfung nach Instandsetzung, Änderung elektrischer Geräte und für die Wiederholungsprüfung elektrischer Geräte wurden für gleichartige Prüfungen aneinander angeglichen.
- Die Grenzwerte für Schutzleiterwiderstände und Schutzleiterstrom können durch Herstellervorgaben geändert werden.

Die Norm gilt:

- für Prüfungen der elektrischen Sicherheit von elektrischen Geräten mit Bemessungsspannungen bis Wechselspannung 1 000 V/Gleichspannung 1 500 V nach Instandsetzung, Änderung und bei Wiederholungsprüfung;
- für die anzuwendenden Prüfverfahren für den Nachweis der elektrischen Sicherheit;
- für Grenzwerte, deren Einhaltung durch die Prüfung nachzuweisen ist;
- für wieder in Verkehr gebrachte elektrische Geräte;
- für die elektrische Ausrüstung von Geräten, die nicht ausdrücklich als elektrische Geräte bezeichnet werden (z. B. Gasthermen).

Die Norm besagt ausdrücklich, dass sie nicht für Geräte gilt, bei denen für das Instandsetzen, Ändern und/oder die Prüfung spezielle Gesetze, Verordnungen oder Normen beachtet werden müssen, z. B. für Ex-Bereiche, den Bergbau oder medizinische elektrische Geräte!

Für die Anwendung der Norm gelten die folgenden Begriffe (Auszug):

Elektrische Sicherheit
Gerät gilt als elektrisch sicher, wenn keine Gefahren durch den elektrischen Strom für Anwender und Dritte bestehen. Dazu ist es erforderlich, dass die Schutzmaßnahmen in vollem Umfang wirksam sind.

Elektrofachkraft
Als Elektrofachkraft gilt, wer aufgrund seiner fachlichen Ausbildung, Kenntnisse und Erfahrungen sowie seiner Kenntnis der einschlägigen Bestimmungen die ihm übertragenen Arbeiten beurteilen und mögliche Gefahren erkennen kann.

Elektrotechnisch unterwiesene Person
Person, die durch eine Elektrofachkraft über die ihr übertragenen Arbeiten und die möglichen Gefahren bei unsachgemäßem Verhalten unterrichtet und erforderlichenfalls angelernt sowie über die notwendigen Schutzeinrichtungen und Schutzmaßnahmen unterrichtet wurde.

Den Anforderungen ist zu entnehmen, dass das Prüfen nach Instandsetzung und/oder Änderung elektrischer Geräte durch eine Elektrofachkraft vorzunehmen ist. Wiederholungsprüfungen sind durch Elektrofachkräfte oder von technisch unterwiesenen Personen unter Leitung und Aufsicht einer Elektrofachkraft durchzuführen.

Durch das Instandsetzen oder Ändern darf der Zustand des Geräts nicht so verändert werden, dass seine Sicherheit gegenüber dem Originalzustand verringert wird. Insbesondere betrifft dies

- die Kriech- und Luftstrecken,
- die Maßnahmen zum Schutz gegen elektrischen Schlag,
- die Schutzart (Eindringen von Feuchte und Staub),
- die Maßnahmen zum Schutz gegen mechanische und andere Gefährdungen,
- den Funktionsablauf der Software.

Durch die im Abschnitt „Prüfungen" festgelegten Einzelprüfungen ist nachzuweisen, dass

- keine sichtbaren Mängel an den die Sicherheit gewährleistenden, für den Benutzer zugänglichen (sichtbaren) Teilen des Geräts bestehen,
- bei bestimmungsgemäßen Gebrauch der Geräte keine Gefahr für den Benutzer oder die Umgebung ausgeht.

Die für die Prüfungen zuständige Elektrofachkraft entscheidet, ob darüber hinaus weitere Einzelprüfungen erforderlich sind, um das Schutzziel zu erreichen.

Bei Geräten, deren Standort nicht ohne Hilfsmittel verändert werden kann, das über eine fest und geschützt verlegte Leitung an die elektrische Anlage angeschlossen ist und bei bestimmungsgemäßer Anwendung nicht in der Hand gehalten wird, darf die für die Wiederholungsprüfung verantwortliche Elektrofachkraft entscheiden, ob die Vorgaben nach dem Abschnitt Prüfungen dieser Norm oder die Vorgaben von DIN VDE 0105-100/A1:2017-06 „Betrieb von elektrischen Anlagen – Teil 100: Allgemeine Festlegungen – Änderung A1: Wiederkehrende Prüfungen".

Wenn bei Wiederholungsprüfungen Beschädigungen, Merkmale von unsachgemäßen Eingriffen vorhanden sind, die zur Verminderung der Sicherheit führen können, oder Funktionsmängel auftreten, ist der Prüfvorgang abzubrechen und das Gerät als fehlerhaft zu kennzeichnen.

11.2.1 Prüfungen

Am Gerät sind die Einzelprüfungen nach den Angaben der Norm durchzuführen, soweit dies bei dem zu prüfenden Gerät möglich ist.

Die Reihenfolge der Prüfungen ist einzuhalten, und zwar:

- Sichtprüfung,
- Prüfung des Schutzleiters,
- Messung des Isolationswiderstands,
- Messung des Schutzleiterstroms,
- Messung des Berührungsstroms,
- Nachweis der sicheren Trennung vom Versorgungsstromkreis (SELV und PELV),
- Nachweis der Wirksamkeit weiterer Schutzeinrichtungen,
- abschließende Prüfung der Aufschriften,
- Funktionsprüfung.

Nach dem Abschnitt Prüfungen gibt DIN VDE 0701-0702 noch Hinweise zur Auswertung, Beurteilung und Dokumentation. Die Prüfung gilt als bestanden, wenn alle geforderten Einzelprüfungen bestanden wurden. Das betreffende Gerät sollte entsprechend gekennzeichnet werden. Die Prüfungen sind in geeigneter Form zu dokumentieren, beispielsweise in Form von Prüfplaketten oder elektronischer Aufzeichnung. Es wird empfohlen, die Messwerte aufzuzeichnen und anzugeben, welches Prüfgerät verwendet wurde.

Abschließend gibt es zu den in der Norm beschriebenen Prüfungen noch einen Hinweis auf die zu verwendenden Messeinrichtungen.

Für die in der Norm beschriebenen Prüfungen sind Messgeräte entsprechend den Normen der **Tabelle 11.5** mit Messeinrichtungen nach Anhang C oder solche Messgeräte oder/und Messbedingungen zu verwenden, die gleiche Messergebnisse und Sicherheit gewährleisten.

Die für die Prüfung benutzten Messgeräte sind ebenfalls regelmäßig zu prüfen und zu kalibrieren.

Norm	Titel
DIN EN 61557-2 (**VDE 0413-2**):2008-02	Elektrische Sicherheit in Niederspannungsnetzen bis AC 1 000 V und DC 1 500 V – Geräte zum Prüfen, Messen oder Überwachen von Schutzmaßnahmen – Teil 2: Isolationswiderstand
DIN EN 61557-4 (**VDE 0413-4**):2007-12	Elektrische Sicherheit in Niederspannungsnetzen bis AC 1 000 V und DC 1 500 V – Geräte zum Prüfen, Messen oder Überwachen von Schutzmaßnahmen – Teil 4: Widerstand von Erdungsleitern, Schutzleitern und Potentialausgleichsleitern
DIN EN 61557-16 (**VDE 0413-16**):2015-12	Elektrische Sicherheit in Niederspannungsnetzen bis AC 1 000 V und DC 1 500 V – Geräte zum Prüfen, Messen oder Überwachen von Schutzmaßnahmen – Teil 16: Geräte zur Prüfung der Wirksamkeit der Schutzmaßnahmen von elektrischen Geräten und/oder medizinisch elektrischen Geräten
DIN VDE 0701-0702: 2008-06, Anhang C	Prüfung nach Instandsetzung, Änderung elektrischer Geräte – Wiederholungsprüfung elektrischer Geräte – Allgemeine Anforderungen für die elektrische Sicherheit Anhang C – Schaltungsbeispiele

Tabelle 11.5 Normen für Messeinrichtungen

11.2.2 Sichtprüfung

Die Sichtprüfung erfolgt, um äußerlich erkennbare Mängel und die Eignung für den Einsatzort festzustellen, und zwar durch:

- Prüfung der Wirksamkeit der Schutzmaßnahme gegen elektrischen Schlag, und zwar
  - bei Instandsetzung, Änderung
    Nachweis des ordnungsgemäßen Zustands der Schutzleiterverbindung zu allen leitfähigen berührbaren Teilen, die zu Schutzzwecken mit dem Schutzleiter verbunden sind;
  - bei Wiederholungsprüfungen
    Nachweis des ordnungsgemäßen Zustands der Schutzleiterverbindung zu allen leitfähigen berührbaren Teilen, die zu Schutzzwecken mit dem Schutzleiter verbunden sind;
  - bei Instandsetzung, Änderung und Wiederholungsprüfungen
    Nachweis des ordnungsgemäßen Zustands der Isolierung durch das Messen des Isolationswiderstands zwischen aktiven Teilen und leitfähigen berührbaren Teilen,
    Nachweis des Einhaltens der zulässigen Grenzwerte für den Ableitstrom und des ordnungsgemäßen Zustands der Isolierungen durch das Messen;
- Nachweis der Wirksamkeit weiterer Schutzmaßnahmen;
- abschließende Prüfung der Aufschriften.

11.2.3 Prüfung des Schutzleiters

Die Prüfung des Schutzleiters ist notwendig, um den ordnungsgemäßen Zustand der elektrischen Verbindung zwischen der Anschlussstelle des Geräts für den Schutzleiter und jedem mit dem Schutzleiter verbundenen berührbaren Teil festzustellen. Dies geschieht durch Besichtigen der Schutzleiterstrecke und einer Widerstandsmessung, bei der jede in die Messung einbezogene Leitung abschnittsweise und an ihren Einführungsstellen zu bewegen ist, sowie durch eine Handprobe an Befestigungen und Einführungen der betreffenden Leitungen.

Beim Überschreiten des Grenzwerts ist festzustellen, ob durch Produktnormen oder Herstellerangaben andere Grenzwerte gelten (**Tabelle 11.6**).

Leitungslänge	Bemessungsstrom	Prüfung/Nachweis des Grenzwerts
bis 5 m	bis 16 A	der Widerstand des Schutzleiters darf den Grenzwert von 0,3 Ω nicht überschreiten
länger als 5 m	bis 16 A	der Grenzwert darf je 7,5 m zusätzlicher Länge um 0,1 Ω bis zu einem Maximalwert von 1 Ω erhöht werden
andere Leitungen		der errechnete Widerstandswert gilt als Grenzwert

Tabelle 11.6 Grenzwerte zur Prüfung des Schutzleiters (nach DIN VDE 0701-0702:2008-06, Abschnitt 5.3)

11.2.4 Messung des Isolationswiderstands

Die Prüfung ist notwendig, um nachzuweisen, dass der Isolationswiderstand die in **Tabelle 11.7** angegebenen Grenzwerte nicht unterschreitet.

Der Isolationswiderstand ist zu messen zwischen den aktiven Teilen und jedem berührbaren leitfähigen Teil, einschließlich des Schutzleiters, und bei der Instandsetzung/Änderung zwischen den aktiven Teilen eines SELV/PELV-Stromkreises und den aktiven Teilen des Primärstromkreises. Dabei sind die in der Tabelle 11.7 angegebenen Messschaltungen zu verwenden.

11.2.5 Messung des Schutzleiterstroms

An jedem Gerät mit Schutzleiter ist eine Schutzleiterstrommessung durchzuführen. Dafür dürfen das *direkte Messverfahren* (Bild 11.10) oder das *Differenzstrommessverfahren* (Bild 11.11) oder das *Ersatz-Ableitstrommessverfahren* (Bild 11.12), wenn sich in dem zu prüfenden Gerät keine netzspannungsabhängigen Schalteinrichtungen befinden und zuvor eine Isolationswiderstandsmessung erfolgreich durchgeführt wurde, verwendet werden.

Prüfobjekt		Grenzwert	Messschaltung/ Bild[2] der Norm
aktive Teile, die nicht zu SELV- oder PELV-Stromkreisen gehören, gegen den Schutzleiter und die mit dem Schutzleiter verbundenen berührbaren leitfähigen Teile	allgemein	1,0 MΩ	C.2a bzw. C.2b
	Geräte mit Heizelementen	0,3 MΩ	
	Geräte mit Heizelementen mit einer Leistung > 3,5 kW	0,3 MΩ[1]	
aktive Teile gegen die nicht mit dem Schutzleiter verbundenen berührbaren Teile (vornehmlich bei Geräten der Schutzklasse II, aber auch bei Geräten der Schutzklasse I)		2,0 MΩ	C.2c C.2e C.2f
aktive Teile, die nicht zu SELV- oder PELV-Stromkreisen gehören, gegen berührbare leitfähige Teile mit der Schutzmaßnahme SELV oder PELV in Geräten der Schutzklasse I oder II			
bei Instandsetzung/Änderung zwischen aktiven Teilen eines SELV- oder PELV-Stromkreises und den aktiven Teilen des Primärstromkreises			
aktive Teile mit der Schutzmaßnahme SELV, PELV (Schutzkleinspannung) gegen berührbare, leitfähige Teile		0,25 MΩ	C.2d

[1] Wird bei Geräten der Schutzklasse I mit Heizelementen > 3,5 kW Gesamtleistung der geforderte Isolationswiderstand nicht erreicht, gilt das Gerät dennoch als einwandfrei, wenn der Schutzleiterstrom die Grenzwerte von Abschnitt 5.5 der Norm nicht überschreitet.

[2] Schaltbilder sind der Norm zu entnehmen.

Tabelle 11.7 Grenzwerte (Mindestwerte für den Isolationswiderstand nach DIN VDE 0701-0702:2008-06, Tabelle 1)

Es dürfen die folgenden Messverfahren angewendet werden:

- direktes Messverfahren nach Bild C.3a der Norm (**Bild 11.10**),
- Differenzstrommessverfahren nach Bild C.3b und Bild C.3d der Norm (**Bild 11.11**),
- Ersatz-Ableitstrommessverfahren nach Bild C.3c der Norm, wenn sich in dem zu prüfenden Gerät keine netzspannungsabhängigen Schalteinrichtungen befinden und zuvor eine Isolationswiderstandsmessung erfolgreich durchgeführt wurde (**Bild 11.12**).

Die Bilder können dem informativen Anhang C – Schaltungsbeispiele – entnommen werden.

Beim direkten Messverfahren darf kein Teil des zu prüfenden Geräts eine Verbindung zum Erdpotential haben. Nachzuweisen ist, dass der Schutzleiterstrom die in **Tabelle 11.8** festgelegten Werte nicht überschreitet.

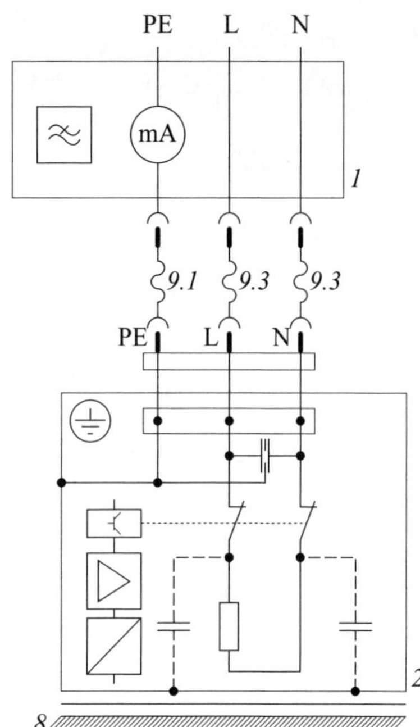

Bild 11.10 Schutzleiterstrommessung – Differenzstrommessverfahren (nach DIN VDE 0701-0702:2008-06, Bild C.3b)

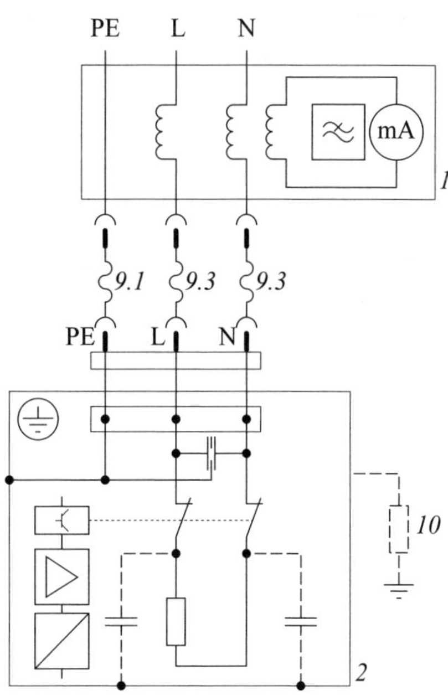

Bild 11.11 Schutzleiterstrommessung – direktes Messverfahren (nach DIN VDE 0701-0702:2008-06, Bild C.3a) Gerät mit Schutzleiter, Steckeranschluss und möglichen zusätzlichen Ableitkapazitäten

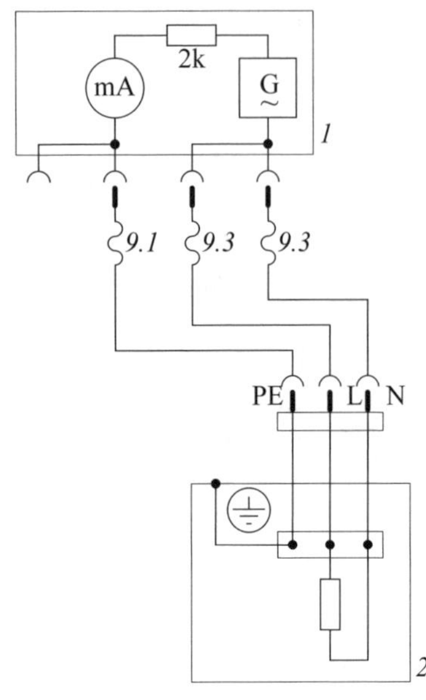

Bild 11.12 Schutzleiterstrommessung – Ersatz-Ableitstrommessverfahren (nach DIN VDE 0701-0702:2008-06, Bild C.3c) Gerät mit Schutzleiter und Steckeranschluss

Geräteart	Grenzwert	Bemerkung
Geräte allgemein	3,5 mA	beim Überschreiten nebenstehender Grenzwerte ist festzustellen, ob durch Angaben andere Grenzwerte gelten
Geräte mit eingeschalteten Heizelementen einer Gesamtleistung über 3,5 kW	1 mA/kW bis zu einem Höchstwert von 10 mA	

Tabelle 11.8 Grenzwerte (Höchstwerte) für den Schutzleiterstrom (nach DIN VDE 0701-0702:2008-06, Tabelle 2)

11.2.6 Messung des Berührungsstroms

Nach DIN VDE 0701-0702 muss an jedem berührbaren leitfähigen, nicht mit dem Schutzleiter verbundenen Teil des Geräts der Berührungsstrom gemessen werden. Dafür dürfen das *direkte Messverfahren* oder das *Differenzstrommessverfahren* oder das *Ersatz-Ableitstrommessverfahren*, wenn sich in dem zu prüfenden Gerät keine netzspannungsabhängigen Schalteinrichtungen befinden und zuvor eine Isolationswiderstandsmessung erfolgreich durchgeführt wurde, verwendet werden.

Interessant sind auch die Anmerkungen der Norm zum Abschnitt 5.6.

Nach Anmerkung 1 kann das Messergebnis bei direkten Messungen durch Verbindungen zwischen dem Teil, an dem gemessen wird, und Teilen mit Erdpotential beeinflusst werden.

Anmerkung 2 ergänzt: „*Erfolgt die Messung mit dem Differenzstromverfahren, so ist bei einem Gerät mit Schutzleiter ein anteiliger Schutzleiterstrom im Messwert enthalten. Wird bei dieser Messung der Grenzwert überschritten, kann das direkte Messverfahren verwendet werden, wenn keine Erdverbindungen vorhanden sind, oder das Ersatz-Ableitstrommessverfahren, wenn keine spannungsabhängigen Beschaltungen vorliegen und eine Isolationswiderstandsmessung durchgeführt wurde.*"

Es dürfen die folgenden Messverfahren angewendet werden:

- direktes Messverfahren nach Bild C.4b (**Bild 11.13**), Bild C.4c und Bild C.4d der Norm,
- Differenzstrommessung nach Bild C.4a der Norm,
- Ableitstrom – Ersatzmessung nach Bild C.3c der Norm.

Die Bilder können dem informativen Anhang C – Schaltungsbeispiele – entnommen werden.

Nachzuweisen ist, dass der Berührungsstrom die in **Tabelle 11.9** festgelegten Werte nicht überschreitet.

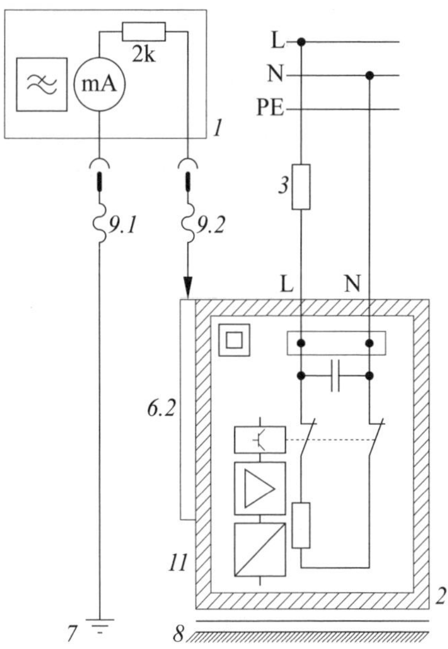

Bild 11.13 Berührungsstrommessung – direktes Messverfahren (nach DIN VDE 0701-0702:2008-06, Bild C.4b)
Gerät schutzisoliert mit Festanschluss sowie berührbaren leitfähigen Teilen

Geräteart/Geräteteil	Grenzwert	Bemerkung
nicht mit dem Schutzleiter verbundene berührbare leitfähige Teile	0,5 mA	siehe Anmerkungen 3 und 4
bei Geräten der Schutzklasse III	Messung nicht erforderlich	
Anmerkung 3: Die Messung darf bei SELV/PELV-führenden Teilen und bei Geräten der Informationstechnik entfallen, wenn durch das dabei nötige Adaptieren oder durch den Messvorgang eine Beschädigung des Geräts erfolgen kann. Anmerkung 4: Sind berührbare leitfähige Teile unterschiedlichen Potentials so angeordnet, dass sie gemeinsam mit einer Hand berührt werden können, ist die Summe ihrer Berührungsströme als Messwert anzusehen.		

Tabelle 11.9 Grenzwerte (Höchstwerte) für den Berührungsstrom
(nach DIN VDE 0701-0702:2008-06, Tabelle 3)

11.3 Prüfungen und Messungen nach DIN EN 60601-1 (VDE 0750-1):2013-12

Die dritte Ausgabe von DIN EN 60601-1 (**VDE 0750-1**) „Medizinische elektrische Geräte – Teil 1: Allgemeine Festlegungen für die Sicherheit einschließlich der wesentlichen Leistungsmerkmale“ erschien im Juli 2007 und ist eine modifizierte Form der internationalen IEC 60601-1:2005. In den letzten Jahren wurde sie sorgfältig und fortgesetzt überarbeitet. Aus diesem Grund wurde im Dezember 2013 eine deutsche Ausgabe mit allen Verbesserungen und Korrekturen veröffentlicht. Gegenüber der Ausgabe 2007-07, der Berichtigung 1:2008 und der Berichtigung 2:2010 wurden folgende Änderungen vorgenommen:

a) Fehlerkorrektur gegenüber der IEC 60601-1:2005,
b) Anwendung des Risikomanagements der Philosophie der ISO 14971:2007 angepasst,
c) Begriff der wesentlichen Leistungsmerkmale angepasst und in Beziehung zum Risikomanagement optimiert und
d) es wurden insgesamt 496 verschiedene Änderungen berücksichtigt.

Zuständig ist das Unterkomitee UK 811.1 „Überarbeitung und Anpassung der allgemeinen Bestimmungen“ der DKE Deutsche Kommission Elektrotechnik Elektronik Informationstechnik im DIN und VDE.

Der ursprüngliche Ansatz der IEC war die Erarbeitung getrennter Normen zur Basissicherheit und die wesentlichen Leistungsmerkmale durch den Druck des Markts zu regeln. Allerdings wurde jetzt erkannt, dass bei vielen Arten von medizinischen elektrischen Geräten dies nicht der Fall ist und das Sicherstellen der wesentlichen Leistungsmerkmale sowie der Basissicherheit von Normen abhängig sind, z. B. die Genauigkeit, mit der das medizinische elektrische Gerät die Abgabe von Energie oder therapeutischen Substanzen an den Patienten regelt. In gewisser Weise unangebracht ist so eine Trennung von Basissicherheit und Leistung im Hinblick auf Gefährdungen, die aus einer unangemessenen Konstruktion/Auslegung von medizinischen elektrischen Geräten entstehen könnte. Andere Teile dieser Normenreihe befassen sich damit. Die aktuelle Normenreihe DIN EN 60601 (**VDE 0750**) enthält jedoch weniger Anforderungen an die wesentlichen Leistungsmerkmale als an die Basissicherheit.

Bei der Erstellung von diesem Teil der Normenreihe wurden Sicherheitsgrundnormen und ISO/IEC-Leitfäden in dem Maß einbezogen, in dem sie mit der besonderen Verbindung des ME-Geräts oder ME-Systems zum Patienten, dem Bediener und der Umgebung vereinbar waren.

Die Prüfungen nach dieser Ausgabe von DIN EN 60601-1 (**VDE 0750-1**) unterscheiden sich deutlich von denen der oben aufgeführten DIN EN 62353 (**VDE 0751-1**). Im Abschnitt 5 *Allgemeine Anforderungen an die Prüfungen von ME-Geräten* sind im Wesentlichen die Anforderungen beschrieben, die für Typprüfungen von ME-Geräten und ME-Systemen als Grundlage dienen.

Eine Prüfung braucht nicht durchgeführt zu werden, wenn eine Analyse zeigt, dass die zu prüfende Bedingung ausreichend durch andere Prüfungen oder Verfahren nachgewiesen wurde. Die Kombination von gleichzeitigen unabhängigen Fehlern, die zu einer Gefährdungssituation führen könnten, muss in der Risikomanagementakte dokumentiert werden.

11.3.1 Begriffe aus DIN EN 60601-1 (VDE 0750-1)

Für das Verständnis der Anforderungen von DIN EN 60601-1 (**VDE 0750-1**) sind viele Begriffe notwendig. Die wichtigsten, für diesen Abschnitt relevanten Begriffe sind im Folgenden aufgeführt:

Medizinisches elektrisches Gerät (ME-Gerät)

Elektrisches Gerät, das ein Anwendungsteil hat oder das Energie zum oder vom Patienten überträgt bzw. eine solche Energieübertragung zum oder vom Patienten anzeigt und für das Folgendes gilt:

a) ausgestattet mit nicht mehr als einem Anschluss an ein bestimmtes Versorgungsnetz und

b) von seinem Hersteller zum Gebrauch bestimmt:
   1) zur Diagnose, Behandlung oder Überwachung eines Patienten,
   2) zur Kompensation oder Linderung einer Krankheit, Verletzung oder Behinderung (3.63).

Dazu gehört auch Zubehör, das durch den Hersteller bestimmt wird und das erforderlich ist, um den bestimmungsgemäßen Gebrauch des ME-Geräts zu ermöglichen. Diese Definition schließt mehrfache Verbindungen an dasselbe Versorgungsnetz aus, jedoch nicht unterschiedliche Verbindungen zu unterschiedlichen Versorgungsnetzen.

Gleichzeitige Anschlüsse an mehr als ein Versorgungsnetz sollten jedoch vermieden werden.

Medizinisches elektrisches System (ME-System)

Kombination von einzelnen ME-Geräten, wie vom Hersteller festgelegt, von denen mindestens eines ein ME-Gerät sein muss, und die durch eine Funktionsverbindung oder durch den Gebrauch einer Mehrfachsteckdose zusammengeschlossen sind (3.64).

Es ist für Hersteller bzw. verantwortliche Organisationen und Bediener gängige Praxis, medizinische und nicht medizinische Geräte an Mehrfachsteckdosen anzuschließen. Das Einbeziehen solcher Anforderungen in die Begriffe dieser Norm stellt sicher, dass die Anforderungen eingehalten werden, die für ME-Geräte gelten.

Anwendungsteil

Ein Teil des ME-Geräts, das bei bestimmungsgemäßem Gebrauch zwangsläufig in physischen Kontakt mit dem Patienten kommt, damit das ME-Gerät seine Funktion erfüllen kann (3.8).

An diese Anwendungsteile werden strengere Anforderungen gestellt, weil Teile, die mit Patienten in Kontakt kommen, eine größere Gefährdung darstellen als Gehäuse. Um zu bestimmen, welche Anforderungen zutreffen, ist es erforderlich, zwischen Anwendungsteilen und den Teilen, die nur als Gehäuse betrachtet werden, zu unterscheiden. So ist z. B. eine Infrarot-Therapielampe kein Anwendungsteil, weil sie nicht in direkten Kontakt mit dem Patienten kommt. Das einzige Anwendungsteil eines Röntgengeräts ist demnach nur die Fläche, auf der der Patient liegt.

Die Anforderungen an die Schutzmaßnahmen für ME-Geräte bzw. ME-Systeme und deren Anwendungsteile sind nach dem Schutzgrad in unterschiedliche Typen eingeteilt:

Isoliertes (erdfreies) Anwendungsteil des Typs F (im Folgenden Anwendungsteil des Typs F)

Anwendungsteil, bei dem die Patientenanschlüsse von anderen Teilen des ME-Geräts derart isoliert sind, dass kein höherer Strom als der zulässige Patientenableitstrom fließt, wenn eine ungewollte Spannung aus einer externen Quelle mit dem Patienten in Verbindung kommt und dadurch zwischen dem Patientenanschluss und der Erde liegt.

Anmerkung: Anwendungsteile des Typs F sind entweder Anwendungsteile des Typs BF oder Anwendungsteile des Typs CF (3.29).

- **Anwendungsteile des Typs B** bieten von allen Typen der Anwendungsteile den= niedrigsten Grad des Schutzes für den Patienten. Laut Definition gewähren sie einen Schutz gegen elektrischen Schlag, insbesondere unter Beachtung des Patientenableitstroms.

- **Anwendungsteile des Typs BF** bieten einen höheren Grad des Schutzes als die des Typs B. Dies wird durch Isolierung der Patientenanschlüsse gegenüber geerdeten Teilen und anderen berührbaren Teilen des ME-Geräts erzielt. Damit wird die Höhe des Stroms begrenzt, der durch den Patienten fließt.
- **Anwendungsteile des Typs CF** gewähren den höchsten Grad des Schutzes für den Patienten als die des Typs BF. Im Gegensatz zu den Typen B und BF eigenen sie sich für die direkte Anwendung am Herzen, soweit es den Patientenableitstrom betrifft.

Die Typen der Anwendungsteile sind am ME-Gerät mit voneinander unterscheidenden Bildzeichen gekennzeichnet (**Bild 11.14**, **Bild 11.15**, **Bild 11.16**).

Bild 11.14 Bildzeichen für den Anwendungsteil des Typs B nach IEC 60417 – 5840

Bild 11.15 Bildzeichen für den Anwendungsteil des Typs BF nach IEC 60417 – 5333

Bild 11.16 Bildzeichen für den Anwendungsteil des Typs CF nach IEC 60417 – 5335

Berührbares Teil

Teil eines Geräts, Anwendungsteil ausgenommen, das durch den Normprüffinger berührt werden kann (3.2).

Ableitstrom

Nicht funktionsnotwendiger Strom (3.47).

Die folgenden Ableitströme sind in der Norm definiert: Erdableitstrom, Berührungsstrom und Patientenableitstrom. Diese Begriffe sind in diesem Buch unter dem Kapitel Messungen weiter erklärt. Obwohl der Patientenhilfsstrom in der Norm nicht als ein Ableitstrom definiert wird, wird er hier als Ableitstrom betrachtet.

Risikomanagement

Systematische Anwendung von Managementstrategien, Verfahren und Praktiken auf die Analyse, Bewertung und Kontrolle von Risiken.

Anmerkung: Für die Zwecke dieser Norm enthält das Risikomanagement nicht die Planung und Überwachung von Informationen aus der Produktion und der Produktion nachgelagerten Phasen; dies wird jedoch in ISO 14971 gefordert (3.107).

11.3.2 Prüfen und Messungen

11.3.2.1 Typprüfungen

Wie einleitend erwähnt, sind die in der Norm beschriebenen Prüfungen *Typprüfungen*. Eine Prüfung braucht nicht durchgeführt zu werden, wenn eine Risikoanalyse zeigt, dass die zu prüfenden Bedingungen ausreichend durch andere Prüfungen nachgewiesen wurden. Eine Risikoanalyse ist die systematische Auswertung verfügbarer Informationen, um Gefährdungen zu identifizieren und Risiken abzuschätzen. Wenn eine Prüfung erforderlich ist, um zu zeigen, dass die Basissicherheit einschließlich der wesentlichen Leistungsmerkmale bei solchen gleichzeitigen unabhängigen Fehlern aufrechterhalten bleibt, kann die entsprechende Prüfung auf Worst-Case-Situationen begrenzt werden. Alle Typprüfungen werden an einem repräsentativen Prüfling der untersuchten Einheit durchgeführt.

Die Norm regelt die Bedingungen, unter denen die Prüfungen durchgeführt werden müssen. Dazu gehören:

- Umgebungstemperatur, Luftfeuchtigkeit, Luftdruck,
- sonstige Bedingungen, z. B.
  - zu prüfen sind die Betriebsbedingungen, die in den Begleitpapieren festgelegt sind),
  - und Geräte, bei denen Betriebswerte auch von anderen Personen als dem Instandhaltungspersonal eingestellt werden können;
- Versorgungsspannung, Stromart, Art der Versorgung, Frequenz,
- Instandsetzungen und Änderungen,
- Feuchtevorbehandlung (klimatische Bedingungen – IP-Kategorie der Gehäuse),
- Prüffolge,
- Bestimmung der Anwendungsteile und der berührbaren Teile (Prüffinger, Prüfhaken, Stelleinrichtungen).

Es muss ein Risikomanagementprozess nach ISO 14971 durchgeführt werden, der die Maßnahmen zur Risikobeherrschung festlegt, die erforderlich sind, um sicherzustellen, dass das ME-Gerät sicher ist, jedoch mit folgenden Ausnahmen:

- Die Planung und Durchführung der Überwachung von Produktion und der Produktion nachgelagerten Phasen;
- regelmäßige Nachprüfungen der Eignung des Risikomanagementprozesses.

Die Einhaltung wird geprüft durch:

- Einsichtnahme in die Richtlinien des Herstellers zur Bestimmung von Kriterien für die Vertretbarkeit von Risiken;
- Einsichtnahme in den Risikomanagementplan für das jeweilige ME-Gerät oder ME-System;

- Bestätigung, dass der Hersteller eine Risikomanagementakte mit entsprechenden Forderungen angelegt hat.

11.3.2.2 Messanordnung MD (Messeinrichtung)

Die Messanordnung ist in verschiedenen Messkreisen der einzelnen Messungen zu den Ableitstrommessungen ausgewiesen (**Bild 11.17**). Prüfgeräte (Messeinrichtungen) sind daher entsprechend zu definieren. Die dargestellte Schaltung und das Spannungsmessgerät sind in weiteren Bildern in der Norm mit folgendem Bildzeichen ersetzt: –[MD]–

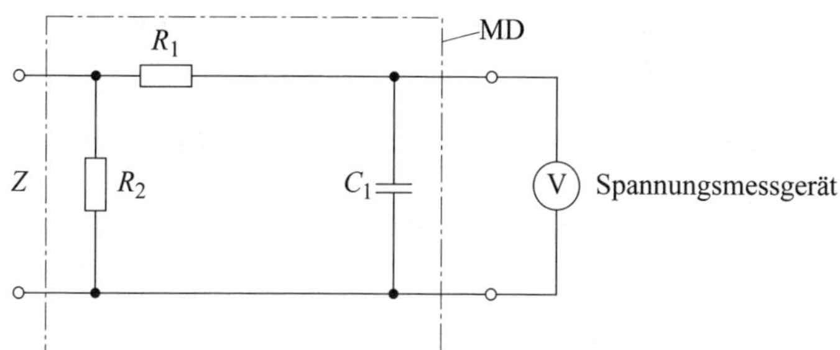

Bild 11.17 Beispiel einer Messanordnung MD nach DIN EN 60601-1 (**VDE 0750-1**):2013-12, Bild 12 a

$R_1 = 10\ \text{k}\Omega \pm 5\ \%$,
$R_2 = 1\ \text{k}\Omega \pm 5\ \%$,
$C_1 = 0{,}015\ \mu\text{F} \pm 5\ \%$.

Die Messeinrichtung belastet die Quelle des Ableitstroms oder des Patientenhilfsstroms mit einer ohmschen Impedanz von etwa 1 000 Ω für Gleichstrom, Wechselstrom und zusammengesetzte Wellenformen mit Frequenzen bis einschließlich 1 MHz.

Das Zeichen für die Messanordnung nach Anhang E der Norm sind die Großbuchstaben MD, die in einem Rechteck dargestellt sind.

Bildzeichen: –[MD]–

Die festgelegten Werte gelten für Ströme, die durch die Schaltung entsprechend Bild 11.20 fließen und entsprechend Bild 11.17 gemessen werden.

11.3.2.3 Impedanz, Strombelastbarkeit und Schutzleiterverbindung

Impedanz und Strombelastbarkeit müssen gemäß DIN EN 60601-1 (**VDE 0750-1**): 2013-12, 8.6.4 a nach folgenden Bedingungen geprüft werden (**Bild 11.18**):

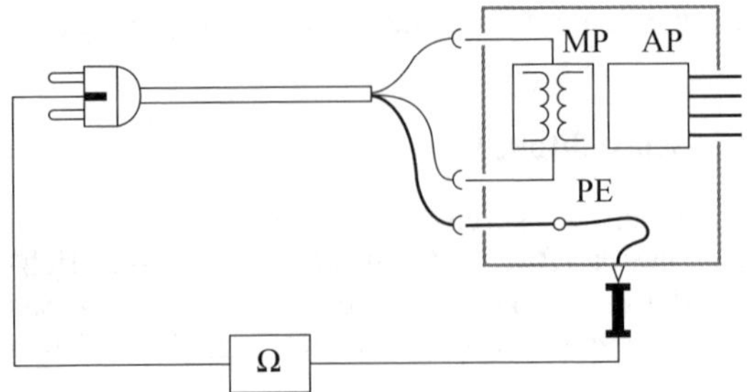

Bild 11.18 Messanordnung zur Messung der Schutzleiterverbindungen

„Schutzleiterverbindungen müssen in der Lage sein, Fehlerströme zuverlässig und ohne übermäßigen Spannungsabfall zu führen.

Bei fest angeschlossenen ME-Geräten darf die Impedanz zwischen dem Schutzleiteranschluss und jedem anderen schutzleiterverbundenen Teil 100 mΩ nicht überschreiten.

Bei ME-Geräten mit einem Gerätstecker darf die Impedanz zwischen dem Schutzleiterkontakt im Gerätstecker und jedem anderen schutzleiterverbundenen Teil 100 mΩ nicht überschreiten.

Bei ME-Geräten mit einer nicht abnehmbaren Netzanschlussleitung darf die Impedanz zwischen dem Schutzleiterkontakt im Netzstecker und jedem anderen schutzleiterverbundenen Teil 200 mΩ nicht überschreiten.

Die Einhaltung wird durch die folgende Prüfung kontrolliert:
Ein Strom von 25 A oder dem 1,5-Fachen des höchsten Bemessungsstroms der betreffenden Schaltungskreise, je nachdem, welcher größer ist (±10 %), aus einer Stromquelle mit einer Frequenz von 50 Hz oder 60 Hz und mit einer Leerlaufspannung von höchstens 6 V wird 5 s bis 10 s durch den Schutzleiteranschluss, den Schutzleiterkontakt im Gerätestecker oder den Schutzleiterkontakt des Netzsteckers zu jedem schutzleiterverbundenen Teil geleitet.

Alternativ kann für diese Prüfung Gleichstrom benutzt werden.

Die Spannungsdifferenz zwischen den beschriebenen Teilen wird gemessen und die Impedanz aus Strom und Spannungsdifferenz bestimmt.

Wo das Produkt aus dem oben festgelegten Prüfstrom und der Gesamtimpedanz (d. h. die gemessene Impedanz der Messleitung und der Impedanz der Kontaktstellen) 6 V überschreitet, muss zuerst die Impedanz mit einer Leerlaufspannung von höchstens 6 V gemessen werden.

Wenn die gemessene Impedanz innerhalb des erlaubten Bereichs ist, wird entweder die Messung der Impedanz wiederholt, wobei die Stromquelle eine Leerlaufspannung besitzt, die ausreicht, den festgelegten Strom für die zu messende Impedanz zu erzeugen, oder die Strombelastbarkeit der entsprechenden Schutzleiter und Schutzleiterverbindung wird dadurch bestätigt, dass geprüft wird, ob ihr Querschnitt wenigstens gleich dem der entsprechenden Strom führenden Leiter ist.“

Messung	Grenzwert	Bemerkung
Schutzleiterwiderstand	0,2 Ω	bei fester Anschlussleitung zwischen Netzstecker und berührbaren Teilen, die mit dem Schutzleiter verbunden sind
	0,1 Ω	bei fest angeschlossenem Gerät
	0,1 Ω	bei Geräten mit abnehmbarer Netzleitung zwischen Schutzkontakt am Gerätstecker und berührbaren Teilen

Tabelle 11.10 Grenzwerte des Schutzleiterwiderstands

Tabelle 11.10 zeigt eine Übersicht der oben beschriebenen Grenzwerte für den Schutzleiterwiderstand.

11.3.2.4 Messung von Ableitströmen und Patientenhilfsströmen

Die Ableit- und Patientenhilfsströme werden im Betriebszustand unter Normalbedingungen und unter Erster-Fehler-Bedingungen gemessen.

Normalbedingungen

Die Normalbedingungen (NC = Normal Condition) gelten für:

- normalen und umgepolten Anschluss am Versorgungsnetz,
- Funktionserde (Betriebserde), an den PE angeschlossen oder nicht angeschlossen,
- Anwendungsteil des Typs F, an den PE angeschlossen oder nicht angeschlossen.

Erster-Fehler-Bedingungen

Die „Erster Fehler"-Bedingungen (SFC = Single Fault Condition) gelten für:

- Unterbrechung des Schutzleiters (gilt nicht für den Erdableitstrom),
- Unterbrechung von jeweils einem Außenleiter,
- eine Spannung, die gleich 110 % des höchsten Nennwerts der Nennspannung ist, wird an jedes Anwendungsteil des Typs F gegen Erde gelegt.

Messung im IT-System

Für den Fall, dass ein IT-System als Spannungsversorgung der Prüfeinrichtung benutzt wird, sind die besonderen Bedingungen zu beachten. Die Messergebnisse der Ableitströme sind meist kleiner, als wenn sie im geerdeten Netz ermittelt werden. Die Ursache dafür sind die physikalischen Gegebenheiten des IT-Systems. Die Ableitströme – Ersatzmessung nach DIN EN 62353 (**VDE 0751-1**), DIN VDE 0701-0702 bleiben davon unberührt.

*11.3.2.4.1 Messung der Ableitströme nach DIN EN 60601-1 (**VDE 0750-1**):2013-12*

Es sind vier unterschiedliche Ableitströme nach der Norm zu ermitteln, deren Definition und Messprinzip im Folgenden aufgezeigt wird.

Die Messanordnungen für Ableitstrom und Patientenhilfsstrom, auf die in 8.7.4.5 bis 8.7.4.8 Bezug genommen wird (Bild 13 bis Bild 19 (einschließlich) der Norm), zeigen geeignete Messanordnungen zur Anwendung in Verbindung mit den Prüfverfahren, die in diesen Unterabschnitten festgelegt sind. Es ist anerkannt, dass auch andere Messanordnungen genaue Ergebnisse erzielen können. Wenn jedoch die Prüfergebnisse dicht an den zulässigen Werten liegen oder wenn es irgendeinen Zweifel gibt an der Gültigkeit der Prüfergebnisse, dann muss die geltende Messanordnung als Entscheidungskriterium verwendet werden:

a) Der Erdableitstrom, der Berührungsstrom, der Patientenableitstrom und der Patientenhilfsstrom werden gemessen, nachdem das Messgerät gemäß den Anforderungen der Norm (siehe 11.1.3 c) auf die Betriebstemperatur gebracht worden ist.
b) Wenn eine Untersuchung der Schaltungsanordnung und der Anordnung der Bauelemente und des Materials des Messgeräts keine Möglichkeit einer der in der Norm unter 13.1 beschriebenen Gefährdungssituationen zeigt, kann die Anzahl der Prüfungen reduziert werden.

Messung des Erdableitstroms

Der Erdableitstrom (**Bild 11.19**, **Bild 11.20**) ist definiert als der Strom, der vom Netzteil durch oder über die Isolierung zum Schutzleiter oder in eine Funktionserdung fließt (3.25).

Der Erdableitstrom, der durch den Schutzleiter fließt, ist keine Gefährdung an sich. Patient und Bediener werden durch die Vorgabe angemessen geringer Werte des Patientenableitstroms und des Berührungsstroms im Normalzustand und bei entsprechenden ersten Fehlern einschließlich einer Unterbrechung des Schutzleiters geschützt.

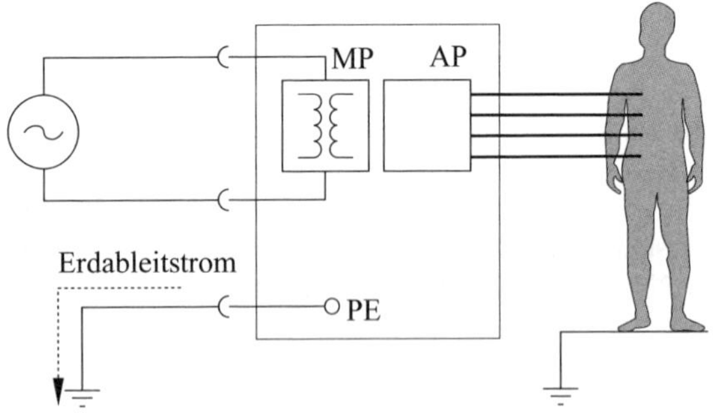

Bild 11.19 Prinzipschaltung der Erdableitstrommessung

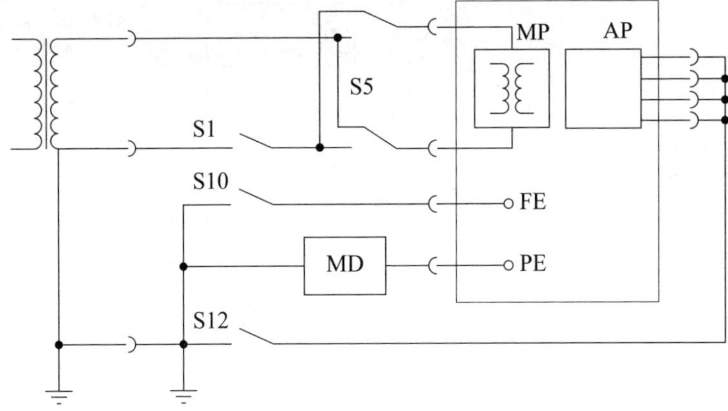

Bild 11.20 Messanordnung zur Simulation der Normalbedingungen und Erster-Fehler-Bedingung bei der Erdableitstrommessung

Messung des Berührungsstroms

Der Berührungsstrom ist der Ableitstrom, der vom Gehäuse oder von Teilen davon – ausgenommen den Patientenanschlüssen, die durch den Bediener oder den Patienten im bestimmungsgemäßen Gebrauch berührbar sind, durch eine externe Verbindung, außer dem Schutzleiter, zur Erde oder zu einem anderen Teil des Gehäuses fließt (3.129).

Der Berührungsstrom (**Bild 11.21**, **Bild 11.22**) wird bei ME-Geräten der Schutzklasse I und Schutzklasse II zwischen Gehäuseteilen, die nicht mit dem Schutzleiter verbunden sind, und dem Schutzleiter sowie zwischen unterschiedlichen berührbaren Gehäuseteilen gemessen.

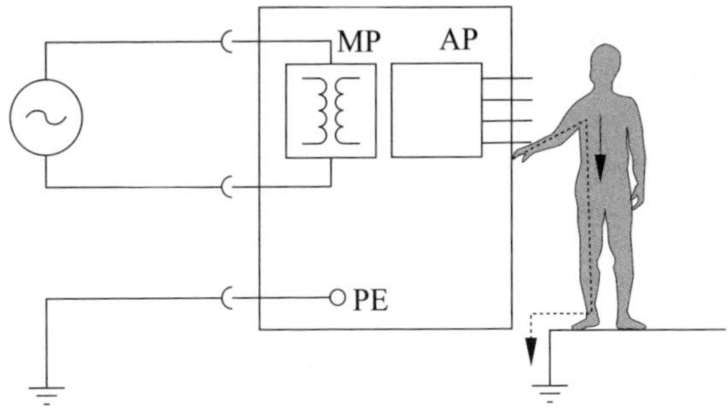

Bild 11.21 Prinzipschaltbild des Berührungsstroms

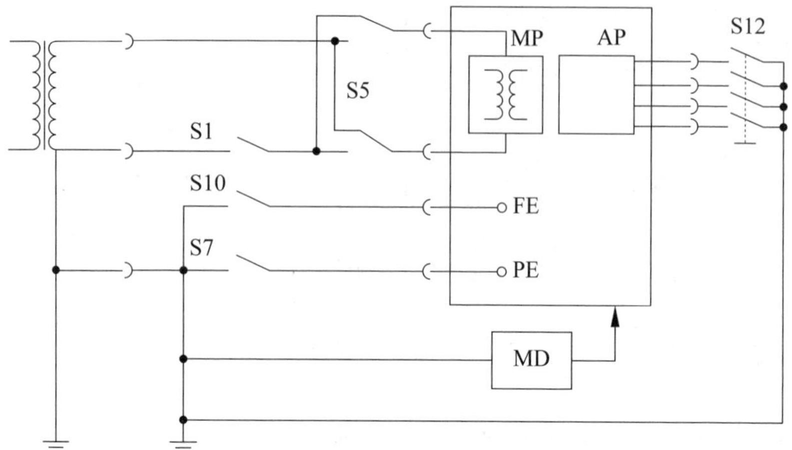

Bild 11.22 Messanordnung zur Simulation der Normalbedingungen und Erster-Fehler-Bedingung bei der Berührungsstrommessung

Für die Messung des Berührungsstroms werden ME-Geräte unter Verwendung eines zutreffenden Mess-Versorgungsstromkreises nach DIN EN 60601-1 (**VDE 0750-1**):2013-12, Bild 14 geprüft. Nach 8.7.4.6 a) wird die Messung mit einer Messanordnung *„Messung mit MD zwischen Erde und jedem Teil des Gehäuses (der Gehäuse), das nicht schutzleiterverbunden ist."* und Messung mit Messanordnung *„zwischen Teilen des Gehäuses (der Gehäuse), die nicht schutzleiterverbunden sind"* wie folgt durchgeführt:

„Beim ersten Fehler einer Unterbrechung irgendeines Schutzleiters wird mit Messanordnung MD zwischen Erde und allen Teilen des Gehäuses (der Gehäuse), die normalerweise schutzleiterverbunden sind, gemessen." Bei einem ME-Gerät mit Isolierstoffgehäuse wird nach 8.7.4.6 b) zur Messung des Berührungsstroms eine Metallfolie in enge Berührung mit dem Gehäuse gebracht.

Messung des Patientenableitstroms

*Der Patientenableitstrom (**Bild 11.23**, **Bild 11.24**) ist der Strom,*

- *der von den Patientenanschlüssen über den Patienten zur Erde fließt oder*
- *der durch eine ungewollte Fremdspannung am Patienten verursacht wird und von diesem über die Patientenanschlüsse eines Anwendungsteils des Typs F zur Erde fließt (3.80).*

Der *Patientenanschluss* wird in der Norm definiert als individueller Punkt am Anwendungsteil, durch den im Normalzustand oder beim ersten Fehler zwischen dem Patienten und dem ME-Gerät Strom fließen kann.

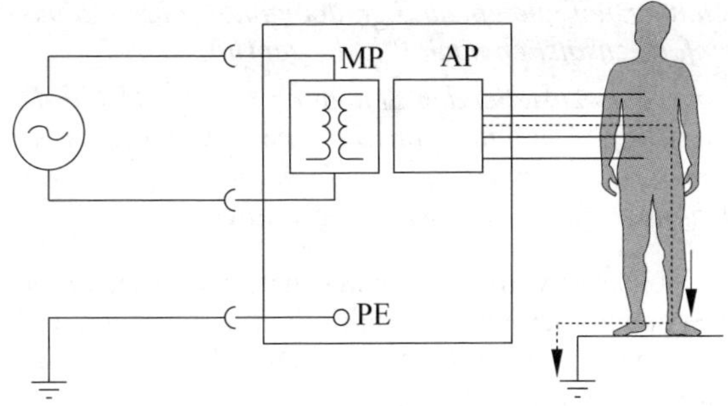

Bild 11.23 Prinzipschaltbild der Patientenableitstrommessung

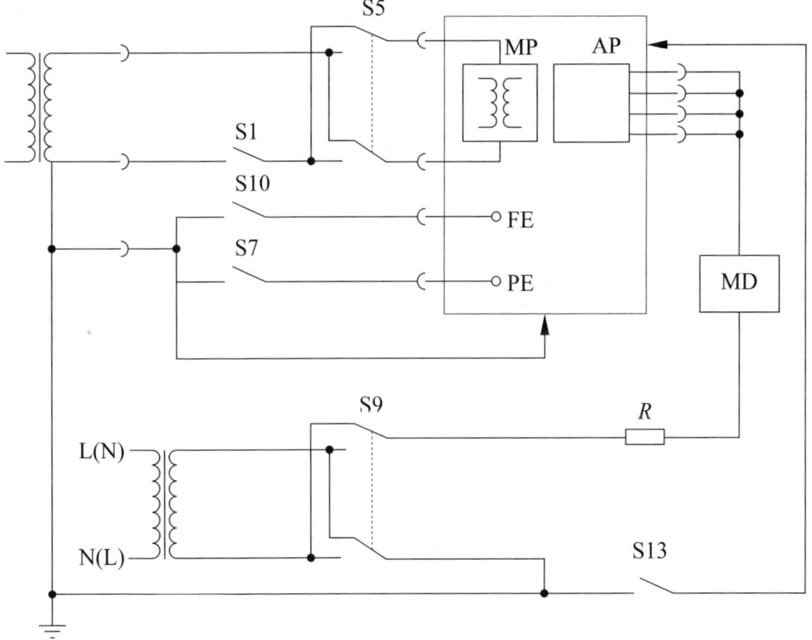

Bild 11.24 Messanordnung zur Simulation der Normalbedingung und Erster-Fehler-Bedingung bei der Patientenableitstrommessung – in diesem Fall wird der Patientenableitstrom durch eine externe Spannung am Anwendungsteil verursacht

Der Messkreis für den Patientenableitstrom von den Patientenanschlüssen nach Erde, verursacht durch eine externe Spannung an einem Signaleingangsteil bzw. Signalausgangsteil nach DIN EN 60601-1 (**VDE 0750-1**):2013-12, Bild 17, wird mit einer Messeinrichtung nach 8.7.4.7 c) geprüft:

c) ME-Geräte mit einem Anwendungsteil und einem Signaleingangsteil/Signalausgangsteil werden erforderlichenfalls zusätzlich nach Bild 17 geprüft.

Der Wert der am Transformator T2 einzustellenden Spannung beträgt 110 % der höchsten Netzspannung. Die spezifische Konfiguration, die verwendet wird, um die externe Spannung an den Anschlussstift anzulegen, wird durch den ungünstigsten Fall bestimmt, basierend auf Prüfungen oder eine Schaltungsanalyse.

Der Messkreis für den Patientenableitstrom von den Patientenanschlüssen nach Erde, verursacht durch eine externe Spannung an einem metallischen berührbaren Teil, das nicht schutzleiterverbunden ist nach DIN EN 60601-1 (**VDE 0750-1**):2013-12, Bild 18, wird mit einer Messeinrichtung nach 8.7.4.7d geprüft:

„d) ME-Geräte mit einem Patientenanschluss eines Anwendungsteils des Typs B, das nicht schutzleiterverbunden ist, oder eines Anwendungsteils des Typs BF und mit metallischen berührbaren Teilen, die nicht schutzleiterverbunden sind, werden zusätzlich nach Bild 18 (der Norm) geprüft.

Der am Transformator einzustellende Spannungswert beträgt 110 % der höchsten Netzspannung.

Diese Prüfung braucht nicht durchgeführt zu werden, wenn nachgewiesen werden kann, dass die Trennung der betroffenen Teile angemessen ist."

Messung des Patientenhilfsstroms

Der Patientenhilfsstrom ist der Strom, der bei bestimmungsgemäßem Gebrauch im Patienten zwischen irgendeinem Patientenanschluss und allen anderen Patientenanschlüssen fließt und der nicht dazu bestimmt ist, eine physiologische Wirkung zu erzeugen (3.77).

Der Patientenhilfsstrom ist erforderlich, damit:

- das ME-Gerät seine Funktion ausführen kann, z. B. Visualisierung der elektrischen Impedanz,
- der fehlerfreie Betrieb des ME-Geräts überwacht wird, z. B. Übergangswiderstand zwischen Patient und Elektrode,
- das ME-Gerät funktioniert.

Bild 11.25 zeigt ein Prinzipschaltbild der Patientenhilfsstrommessung; **Bild 11.26** zeigt die Messanordnung.

Nach DIN EN 60601-1 (**VDE 0750-1**):2013-12, 8.7.4.9 wird der Patientenhilfsstrom bei ME-Geräten mit mehreren Patientenanschlüssen zwischen jedem einzelnen Patientenanschluss und allen anderen miteinander verbundenen Patientenanschlüssen gemessen, entweder direkt miteinander verbunden oder entsprechend dem bestimmungsgemäßen Gebrauch belastet.

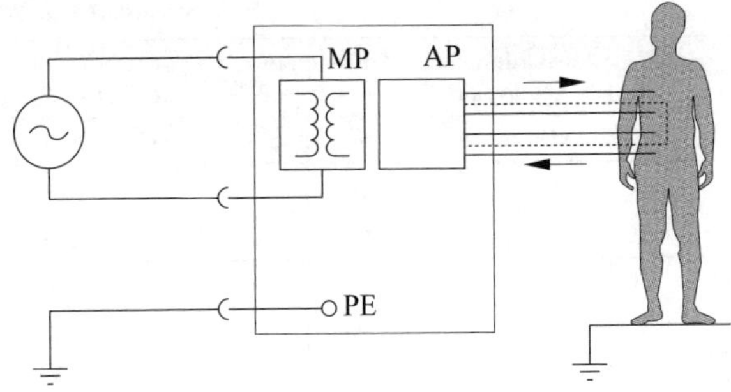

Bild 11.25 Prinzipschaltbild der Patientenhilfsstrommessung

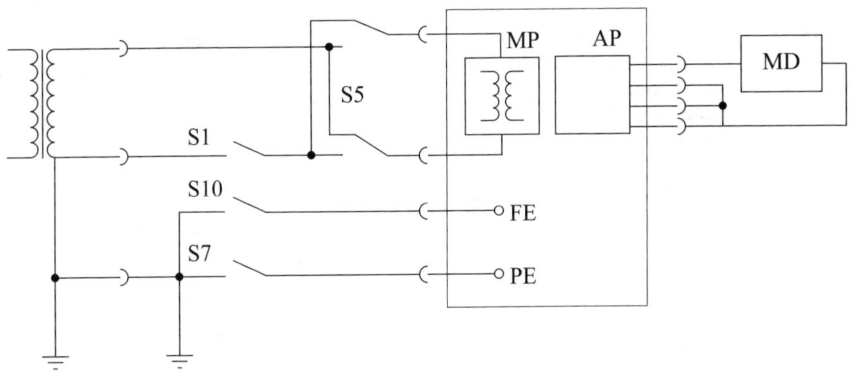

Bild 11.26 Messanordnung zur Simulation der Normalbedingungen und Erster-Fehler-Bedingung bei der Patientenhilfsstrommessung

11.3.3 Grenzwerte: Schutzleiterwiderstand und Ableitstrom

Die **Tabelle 11.11** zeigt die zulässigen Grenzwerte für die Ableitströme im Normalzustand oder beim ersten Fehler.

Bild 11.27 zeigt ein Prüfsystem für ME-Geräte nach dieser Norm.

Stromstärke in µA

Strom	Beschreibung		Anwendungsteil des Typs B		Anwendungsteil des Typs BF		Anwendungsteil des Typs CF	
			NC	SFC	NC	SFC	NC	SFC
Patienten-hilfsstrom		DC	10	50	10	50	10	50
		AC	100	500	100	500	10	50
Patienten-ableitstrom	vom Patientenanschluss zur Erde	DC	10	50	10	50	10	50
		AC	100	500	100	500	10	50
	hervorgerufen von einer äußeren Spannung an einem SIP/SOP	DC	10	50	10	50	10	50
		AC	100	500	100	500	10	50
Gesamt-Patienten-ableitstrom[a)]	Anwendungsteile vom gleichen Typ, miteinander verbunden	DC	50	100	50	100	50	100
		AC	500	1000	500	1000	50	100
	hervorgerufen von einer äußeren Spannung an einem SIP/SOP	DC	50	100	50	100	50	100
		AC	500	1 000	500	1 000	50	100

Legende
NC Normalzustand (Normal Condition), SFC erster Fehler (Single Fault Condition),
SIP Signaleingangsteil (Signal Input Part), SOP Signalausgangsteil (Signal Output Part)

a) Die Werte des Gesamt-Patientenableitstroms gelten nur für Geräte mit mehreren Anwendungsteilen. Die einzelnen Anwendungsteile müssen die Werte für den Patientenableitstrom einhalten.

Tabelle 11.11 Zulässige Werte für Patientenableitströme und Patientenhilfsströme im Normalzustand oder beim ersten Fehler
(nach DIN EN 60601-1 (**VDE 0750-1**):2013-12, Tabelle 3)

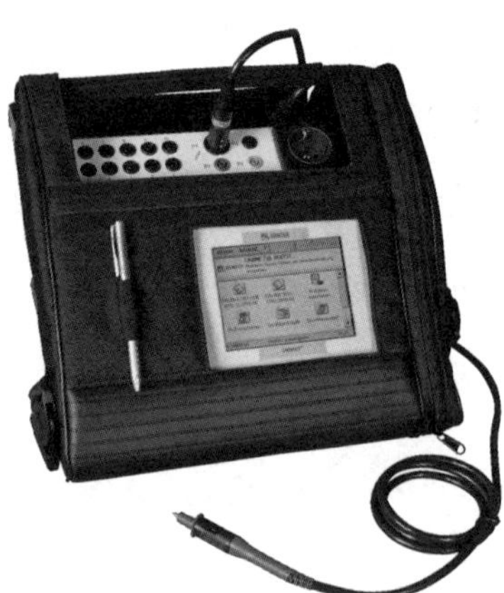

Bild 11.27 Prüfsystem für ME-Geräte und ME-Systeme vom Typ UNIMET 800ST
Bild: Fa. Bender, Grünberg

12 Normenrecherche-Information

Normeninformation (national):

- **DKE Deutsche Kommission Elektrotechnik Elektronik Informationstechnik in DIN und VDE**

  Stresemannallee 15
  60596 Frankfurt am Main
  Tel.: 069/63 08–0,
  Fax: 069/63 08–98 63,
  E-Mail: dke@vde.com,
  www.dke.de

- **VDE Verband der Elektrotechnik Elektronik Informationstechnik e. V.**

  Stresemannallee 15
  60596 Frankfurt am Main
  Tel.: 069/63 08–0,
  Fax: 069/63 08–98 65,
  E-Mail: service@vde.com,
  www.vde.com

- **Beuth Verlag GmbH**

  Burggrafenstr. 6
  10787 Berlin
  Tel.: 030/26 01–22 60,
  Fax: 030/26 01–12 60,
  E-Mail: kundenservice@bcuth.dc,
  www.beuth.de

- Publikation der DIN-VDE-Normen bzw. des VDE-Vorschriftenwerks, wissenschaftlich-elektrotechnischer Fachliteratur und Zeitschriften:

  VDE VERLAG GMBH

  Bismarckstr. 33
  10625 Berlin
  Tel.: 030/34 80 01–2 22,
  Fax: 030/34 80 01–90 88,
  E-Mail: kundenservice@vde-verlag.de,
  www.vde-verlag.de

Internationale Normen:

- **IEC Central Office**

  3, rue de Varembé
  1211 Genf 20
  Schweiz
  Tel.: +41 22 919 02 11,
  Fax: +41 22 919 03 00,
  E-Mail: info@iec.ch,
  www.iec.ch

- IEC-Webstore: IEC-Normen online in gedruckter oder elektronischer Form recherchieren und kaufen:

  www.iec-normen.de

- **Underwriters Laboratories (UL)**

  www.ul.com

- **American Society for Testing and Materials (ASTM)**

  ASTM International
  100 Barr Harbor Drive
  P.O. Box C700, West Conshohocken
  PA, 19428-2959
  USA
  Tel.: +1 (610) 832–9585,
  Fax: +1 (610) 832–9555,
  www.astm.org

- **American Standards Institute (ANSI)**

  ANSI Attn: Customer Service Department
  25 W 43rd Street, 4th Floor
  New York, NY, 10036
  USA
  Tel.: +1 (212) 642–4980,
  Fax: +1 (212) 302–1286,
  E-Mail: ansionline@ansi.org,
  www.ansi.org

- **CENELEC (European Committee for Electrotechnical Standardization)**

  Tel.: +32 2 519 68 71,
  E-Mail: info@cenelec.org,
  www.cenelec.org

13 Verwendete Abkürzungen

Kürzel	Originaltitel	Erläuterung	Internetadresse
ANSI	American National Standards Institute, New York/USA	Das American National Standards Institute (ANSI) ist die US-amerikanische Stelle zur Normung industrieller Verfahrensweisen.	**www.ansi.org**
ASTM	American Society for Testing Materials, Philadelphia/USA	Die ASTM International (ursprünglich American Society for Testing and Materials) ist eine internationale Standardisierungsorganisation mit Sitz in den USA.	**www.astm.org**
BetrSichV	Betriebssicherheitsverordnung	Verordnung über Sicherheit und Gesundheitsschutz bei der Bereitstellung von Arbeitsmitteln und deren Benutzung bei der Arbeit, über Sicherheit beim Betrieb überwachungsbedürftiger Anlagen und über die Organisation des betrieblichen Arbeitsschutzes.	**www.gesetze-im-internet.de** **www.bgetem.de**
BS	British Standards	British Standards ist der neue Name für die British Standards Institution (BSI) und Teil der BSI-Group. Sie ist eine Normungsorganisation.	**www.britishstandard.net**
CEI	Commission électrotechnique internationale	siehe IEC	
CENELEC	Comité européen de normalisation électrotechnique	(frz.) CENELEC ist zuständig für die europäische Normung im Bereich Elektrotechnik.	**www.cenelec.eu**
DIN	Deutsches Institut für Normung e. V.	Das DIN erarbeitet mit Vertretern interessierter Kreise konsensbasierte Normen.	**www.din.de**
DGUV-Vorschrift 3	Deutsche Gesetzliche Unfallversicherung Vorschrift für Sicherheit und Gesundheit bei der Arbeit	Speziell für die Elektrotechnik – Prüfung elektrischer Anlagen – gilt die Unfallverhütungsvorschrift DGUV-Vorschrift 3 „Elektrische Anlagen und Betriebsmittel" vom 1. Januar 2005. Zur Konkretisierung der DGUV-Vorschrift 3 ist eine DGUV-Regel (DGUV-Regel 103-011) erschienen. Es stehen Downloads der Vorschrift und der Regel im Internet zur Verfügung.	**www.bgetem.de**

Kürzel	Originaltitel	Erläuterung	Internetadresse
DKE	Deutsche Kommission Elektrotechnik Elektronik Informations-technik in DIN und VDE	Die Deutsche Kommission Elektrotechnik Elektronik Informationstechnik im DIN und VDE (DKE) ist die zuständige Organisation in Deutschland für die Erarbeitung von Standards, Normen und Sicherheitsbestimmungen in dem Themenfeld Elektrotechnik, Elektronik und Informationstechnik.	**www.dke.de**
EN	European Standard (CENELEC)	Eine Norm, die generell in den drei offiziellen Sprachen von CENELEC erhältlich ist (Englisch, Französich und Deutsch), die nicht mit einem anderen CENELEC-Standard in Konflikt steht. EN sind die wichtigsten öffentlich erhältlichen Normen, die von CENELEC veröffentlicht werden. Die Entwicklung wird bestimmt von den Prinzipien Konsens, Öffentlichkeit und Transparenz, ein nationales Komitee in jedem Mitgliedstaat ist verantwortlich für die Umsetzung, die technische Stimmigkeit sowohl auf nationaler als auch europäischer Ebene. Vor der Umsetzung durchläuft ein EN mehrere Stadien, die mit einer endgültigen Bewilligung vom Technical Board endet, bevor es von allen Mitgliedstaaten umgesetzt wird.	**www.cenelec.org**
EU	European Union/ Europäische Union	Die Europäische Union (EU) ist ein aus 28 europäischen Staaten bestehender Staatenverbund. (früher: EWG – Europäische Wirtschaftsgemeinschaft)	**www.europa.eu**
HD	Harmonization Document (CENELEC)	Dieselben Charakteristiken wie ein EN, aber ohne die Pflicht für die Mitgliedsstaaten, eine identische nationale Norm zu veröffentlichen. Der technische Inhalt eines HD muss in allen Mitgliedsländern im gleichen Maße umgesetzt sein.	
IEC	International Electrotechnical Commission, Genf/Schweiz	Die Internationale Elektrotechnische Kommission ist ein internationales Normierungsgremium mit Sitz in Genf für Normen im Bereich der Elektrotechnik und Elektronik. Einige Normen werden gemeinsam mit ISO entwickelt.	

Kürzel	Originaltitel	Erläuterung	Internetadresse
IEE	Institution of Electrical Engineers, London/UK	Institution of Electrical Engineers, nicht zu verwechseln mit IEEE (Institute of Electrical and Electronics Engineers), nach dem Zusammenschluss im Jahre 2006 mit dem Institution of Incorporated Engineers (IIE) heute das Institution of Engineering and Technology (IET).	
IEEE	Institute of Electrical and Electronics Engineers (IEEE), New York/USA	Das Institute of Electrical and Electronics Engineers (IEEE, meist als „i triple e" [ai trɪpl i:] gesprochen) ist ein weltweiter Berufsverband von Ingenieuren aus den Bereichen Elektrotechnik und Informatik mit Sitz in New York City. Er ist Veranstalter von Fachtagungen, Herausgeber diverser Fachzeitschriften und bildet Gremien für die Normung von Techniken, Hardware und Software.	**www.ieee.org**
K/UK/AK	Komitee in der DKE Deutsche Kommission Elektrotechnik Elektronik Informationstechnik im DIN und VDE	K ist der Fachbereich, z. B. K 221 „Allgemeine Sicherheit; Planen, Errichten und Betreiben von elektrischen Energieversorgungsanlagen"; UK ist das Unterkomitee und beschreibt das Sachgebiet, z. B. UK221.1 „Schutz gegen elektrischen Schlag"; AK ist ein Arbeitskreis innerhalb eines Sachgebiets, z. B. AK221.1.2 „Schutzmaßnahmen".	**www.dke.de**
NFPA	National Fire Protection Association	Die US-amerikanische National Fire Protection Association (NFPA) ist seit 1896 im Brandschutz aktiv. Der Hauptsitz dieser gemeinnützigen Gesellschaft mit etwa 79 000 Einzelmitgliedern in aller Welt sowie über 80 Mitgliedschaften von amerikanischen Handels- und sonstigen Organisationen befindet sich in Quincy, Massachusetts. NFPA gibt ein umfangreiches Regelwerk zum Brandschutz (National Fire Codes) heraus, das vorwiegend in den USA zur Anwendung kommt. Die NFPA entspricht etwa der vfdb in Deutschland.	**www.nfpa.org**

Kürzel	Originaltitel	Erläuterung	Internetadresse
NEC	National Electrical Code, USA	Vorschriften in den USA für elektrische Installationen und Geräte: The National Electrical Code (NEC), or NFPA 70, is a United States standard for the safe installation of electrical wiring and equipment. It is part of the National Fire Code series published by the National Fire Protection Association (NFPA). „National Electrical Code“ and „NEC“ are registered trademarks of the NFPA. While the NEC is not itself a U. S. law, NEC use is commonly mandated by state or local law, as well as in many jurisdictions outside of the United States.	**www.nfpa.org**
UTE	Union Technique de l'Éctricité, Paris/Frankreich	Französische nationale Normenstelle im Bereich Elektronik, Mitglied bei IEC und CENELEC.	**www.ute-fr.com**
VDE	Verband der Elektrotechnik Elektronik Informationstechnik e. V.	Technisch-wissenschaftlicher Verband der Elektrotechnik und Elektronik. Eine internationale Expertenplattform für Wissenschaft, Normung und Produktprüfung	**www.vde.com**

Index